瘦身，重启人生

珞宁　安尘尘　著

中信出版集团 | 北京

图书在版编目（CIP）数据

瘦身，重启人生 / 珞宁，安尘尘著 . -- 北京：中
信出版社，2020.9（2020.10重印）
ISBN 978-7-5217-1585-9

Ⅰ . ①瘦… Ⅱ . ①珞… ②安… Ⅲ . ①减肥－基本知
识 Ⅳ . ①TS974.14

中国版本图书馆 CIP 数据核字（2020）第 028171 号

瘦身，重启人生

著　　者：珞　宁　安尘尘
出版发行：中信出版集团股份有限公司
　　　　　（北京市朝阳区惠新东街甲 4 号富盛大厦 2 座　邮编　100029）
承　印　者：河北鹏润印刷有限公司

开　　本：787mm×1092mm　1/16　印　　张：21.5　　字　　数：250 千字
版　　次：2020 年 9 月第 1 版　　　印　　次：2020 年 10 月第 4 次印刷
书　　号：ISBN 978-7-5217-1585-9
定　　价：68.00 元

自序

寻找一条疗愈之路

2017 年年底，我决定停下工作，找寻一条疗愈之路——从身体到精神。

小城姑娘、也不是什么名校毕业的我，用了近 20 年的时间，从职场小白折腾到公司的执行总裁，一步步把自己炼成了女汉子。每天化妆、穿高跟鞋，面带微笑准时出现在办公室。我的工作很忙，有时候一天飞两个城市，或者半个月都不着家。

但我收获了很多，我过上了别人眼里光鲜亮丽的生活，经常出席各种派对，也会在红毯上跟明星搭讪。但不知从何时起，我整个人感觉很不好，一种焦虑感就像燃烧的火焰一样，在细胞和毛孔里烧灼着我，我总想逃避。

焦虑迷茫中，我用暴饮暴食和疯狂购物来安慰自己，但收获的却是日益发胖的身材和越发焦虑的人生。由于我习惯性地用食物解决情绪问题，总是沮丧地认为自己缺乏意志力，不够自律，导致自己不知不觉中胖了近 20 斤，体脂率高达 33%。我的身体和心灵都沉重了起来。

突然感觉自己的人生亮起了黄灯。

"心灵鸡汤"只是暂时的安慰剂，解决不了实质性的问题。空想无用，还是要行动。既然焦虑让我发胖，发胖又使我更焦虑，那就从减肥开始行动吧！

但我在减肥的路上掉进过不少坑。每天我都嚷嚷着要减肥，为了控制热量白天吃得很少，结果晚上饿得直想哭，吃下的东西反而更多了；再馋也不敢吃肉，晚饭只吃水果；健身卡办过不止一次，满身疲惫还逼着自己夜跑；到处搜罗减肥产品，妄想吃点啥就能躺着瘦下去……

后来，通过朋友的介绍，我开始了解国外最新的瘦身理论，这才发现，原来之前我所尝试过的那些流行的减肥方法，竟然都是错误的！

多年积累的学习能力在此刻派上用场了，我一头扎进了"减肥功课的海洋"，定期去纽约等海外城市搜集最新的资讯，花几万块钱买有关减肥的书籍，而这些资讯与书籍很多是目前国内没有的。

我既不是医生，也不是专家，但我站在巨人的肩膀上，作为发现者和体验者，我的优势在于，我能从不同领域汲取知识，摸索出实用有效的减肥方法，最重要的是：土法炼钢，亲身实验。

这年月，"成功"的女人似乎都不做饭，要么出去吃，要么点外卖。我也曾"十指不沾阳春水"，家里的厨房也就用来洗水果、下面条。都说病从口入，其实胖也是从口入，想要健康地瘦下来，不研究减脂餐可不行。

从商店和餐厅，到菜市场和厨房，从买包买衣服到买菜买肉，我意外地发现，堆满天然食物的地方真的很神奇，买菜和做菜，竟然比疯狂购物更治愈。

很快，厨房"小白"成功折腾出了第一个系统的 21 天瘦身食谱。既能吃饱吃好，也不用每天"苦哈哈"地运动，21 天我轻松瘦了将近 10 斤！

2018 年年初，我开始在公众号上写文章，在抖音上发布短视频，分享我的 21 天瘦身食谱。虽然刚开始并没有什么读者和观众，但我依然坚持每天写文章、拍视频。有的朋友甚至觉得我疯了，他们不理解我为什么要花那么多时间和精力干这件事。

坦率地说，那时我压根没想到后来会因此写了这本书。

我发现了女性瘦身的秘密，并把它分享给了百万女性朋友

没想到，不过几个月，我在网络上被数十万读者、观众关注，她们来自全国各地，还有些远在国外。用我的 21 天食谱，很多人轻松瘦了下来，她们告诉我这是她们用过的"最幸福且有效的减肥方法"。

为什么我的减肥方法这么神奇？这里其实藏了一个女性瘦身的秘密。

女人，特别是过了 30 岁的，即使少吃都可能瘦不下来；一旦过了 40 岁，感觉不管怎么做，都可能会越来越胖——这话说的就是曾经的我。对于女性而言，体重增加可不只是吃多了那么简单。

这都和激素有关。听起来激素似乎很神秘，但每一种激素都和我们吃下去的食物息息相关。它们会让你发胖，但同样也可以让你瘦下来。

You2&Me，为了成为孩子的榜样，从产后 9 个月的 140 斤到 110 斤，减掉 30 斤，比怀孕前更瘦更美。

Kissme，从 190 斤减到 100 斤，变瘦以后发现整个人都不一样了，心态、情绪、做事方式，收获了自信和人生的更多可能性。

刘东，两个孩子的宝妈，3 个月从 132 斤减到 107 斤，甩掉了"祖传"的水桶腰和小肚子。

shirly 小燕子，瘦了 20 多斤，自律中找到自信和美，越来越清楚自己该吃什么，喜欢食物本来的味道，也越来越能控制自己。

Peggy，最胖时超过 211 斤，拒绝上秤，然而，肥胖带来了一身毛病；1 年减掉 86 斤，犹如重生。

舒公子，生活很忙碌，但依然挤出时间做减脂餐；用 21 天食谱 6 个月减了 48 斤，还带着朋友们一起瘦。

豆，42 岁体重不过百。身材和心态都跟 20 多岁一样，走出去和自己女儿像两姐妹。

Coco，4 个月体脂从 27.9% 降到 19.3%，骨骼肌从 21.9% 增到 24.3%。身材大变样，30 岁练出了马甲线和"蜜桃臀"。

Lucky，从 15 岁开始，减肥 16 年，结果却胖了 35 斤。后来看到我的方法，抱着试一试的心态，5 个月瘦了 60 斤。

公众号首页回复"读者分享"，有更多网友故事，希望她们的经历能鼓励到你。

你以为有了 21 天激素瘦身食谱就万事大吉了？并不是。

"又没管住嘴，我真没有自制力。"

"好不容易瘦了几斤，又变本加厉长了回来，真的让人太沮丧了。"

"我的腿太粗了，要是有她那种身材就好了，一定是我不够努力。"

每天我都会收到这样的留言。我发现，中国的姑娘们普遍活在"身材焦虑"里。没有一个女人，觉得自己不胖。她们短期减肥成功又不断反弹，像溜溜球一样。越减肥，越焦虑，和当初的我一模一样。

但是，你有没有想过，其实你一直活在别人的标准里！

"A4 腰"、反手摸肚脐……这种检验身材的测试标准，不知不觉"洗脑"了多少女性？我们真切地羡慕着那些明星、模特，努力向她们的模样靠拢，追求着永远达不到的目标。

要接受女性的特质，但我们不必非要活成别人喜欢的样子——要瘦，要大长腿，要巴掌脸……美，其实没有标准答案，它是多样的、真实的，不同的身材、年龄、相貌都有不同的美。

当我嫌弃自己身材的时候，即使瘦下来也依然感到焦虑。只有学会全然接纳不完美的自己和世界，努力改变可以改变的部分，才能瘦并快乐着。减肥是女人的又一次成长。

有位读者留言，看过那么多公众号和达人的分享，在我这里竟然看哭了。

行动起来后，她收获的不仅是身材，更有一颗不断被滋养的心。

越来越多的姑娘告诉我，她们跟随我，减轻的不仅仅是体重，还有压力和焦虑，遇到了更好的自己。

一开始，我减肥的本意是希望值并不高的自我疗愈。没想到过了两个 21 天，我减掉了 18 斤赘肉，体脂率从 33% 降到 25%，额外获得的福利是我的皮肤也跟着变好了。随着我的身体状态越来越好，内心的力量也在逐渐强大。

2018 年一整年，我拍了 1000 多个短视频，创作和整理了近 300 篇有关减肥的科普文章，每天回复着数不清的信息。我开启了新的人生，也带给更多人美好的体验。

所有因能坚持下来而获得的改变，必定依靠内心的驱动力，而不是当我们被外界特别是男性群体爱慕或伤害了，才想要去改变。改变的缘由不是怨，不是气，不是怒，是追求个人潜力、才华最大程度的实现。

我依然不完美，我的体重也会上下波动，对抗情绪饮食也不是每次都做得那么好，但我一直在行动。在我身上，朋友们看到了我由内而外的改变。

我想帮助更多的人，继续发现、体验、分享让女人们变得更美好的方法。退可独善其身，进可兼济天下。

和珞宁一起行动吧！从 21 天瘦身修心法开始，唤醒内心的能量，自己导演自己的人生。我一直相信，有生命力的姑娘，会美到老。

珞宁

目录

1

第一章
源起篇：改变越无畏，
人生越自由

迷茫焦虑之际，21天瘦身修心法
"重启"了我的人生。亲爱的朋友们，
让我们重新关注自己的身体，修心
从修身开始，一起瘦并快乐着。

由减肥开始重启人生

2017 年是我大学毕业后的第 20 个年头。

那一年的 11 月我决定让自己停下来——其实，我不得不停下来。

毕业后的第一个 10 年，我从一个分公司的销售助理，连跳 N 级做到世界 500 强之一的外企的中国区营销负责人，在北京上演了真人版的"杜拉拉升职记"。

毕业后的第二个 10 年，我南下广州创业，开起了出版公司，之后移民澳大利亚，再之后我又回国去时尚圈闯荡，有段时间我频繁和明星们一起走上红毯，我还偶尔给"世界小姐"们上上课……

我曾经作为首席执行官（CEO）去电视台做过访谈节目，主持人没有称呼我为"某某总"，而是叫我"大美女"。

顶着这样两个头衔，"CEO"和"美女"，好像人生很美丽，我曾经也乐在其中。我在事业上忙碌，在生活中率性而为。

但直到有一天，入睡前我看着镜子里自己臃肿的身体，迷茫和焦虑好像在一瞬间击垮了我，使我的身体和精神变得沉重不堪，无法前行。

"吃吃吃""买买买"，人生越来越焦虑

我曾经用"吃吃吃"和"买买买"来"爱自己""对自己好一点"，我想这也是很多女性朋友犒劳自己、缓解压力的方式吧。我们内心的台词是：我已经这么辛苦了，就不要再委屈自己了吧。

但这个所谓的"不委屈"，让我收获了什么呢？除了一堆堆衣服、包、鞋子，我还"喜提"了20斤肥肉和一脸的痘痘。

我因为工作关系时常出国，每次都背回来几年也用不完的化妆品，有些甚至过了保质期也从未拆过标签。那时我明知暴饮暴食不对，却又忍不住往嘴里塞下一块块蛋糕、喝下一杯又一杯的红酒。我经常晚上9点才疲惫地回到家里，小龙虾、薯片、冰激凌成了夜宵的主旋律。

物质刺激和放纵饮食，并没有缓解我的压力，反而增加了额外的焦虑。思想是虚的，但身体是实的：我变得身材走样、内分泌失调、失眠……

身体比我想象得要聪明且诚实，我无法视而不见。

我开始变得不想出门，不愿意和别人交往，甚至厌恶听到手机铃声。一向游刃有余地出入各种派对的我，好像得了社交恐惧症。相对身体的走样，内心的改变更让我感到害怕。我知道，我必须停下来，审视下自己到底哪里出了问题。

我选择暂时离开职场，尽管这个决定让周围的人很诧异。在大家看来，

我正处于事业上升期，一个女人赤手空拳开创出这样的局面，不应该半途而废。然而，身为女人，我所感受到的压力、迷茫和沮丧，让我无法继续前进。

大学毕业后的奋斗和努力，为我积累了经验、沉淀了智慧，但一定还缺了些什么，才会令我在事业和生活上如此焦虑不安，失去了前进的动力。

这绝不只是我的故事。中国有千千万万的职场女性，每天都在压力和焦虑下负重前行。中国女人很累，她们在职场上兢兢业业，在家庭方面生儿育女、承担家务。而单身女性就轻松了吗？那些家庭和社会的舆论压力，同样让她们不堪重负。

未来的路还很长，我和我有着同样焦虑的朋友们，需要找到疗愈的方法。

当"抑郁情绪"遇见"抑郁症"

因为焦虑不安，我一度怀疑自己得了抑郁症，就像得了精神感冒一样，在我的认知里这很正常。还好，我和大部分人一样，只是有些抑郁情绪，并没有得抑郁症。

而当得了"伪抑郁症"的我困惑、迷茫时，另一位比我更困惑、更迷茫的"真抑郁症"朋友出现了。安尘尘，我多年的老友，我们曾一路从中国吵到印度再吵到纽约，"三观"并不怎么合。那时他的诗集《美如少年：安尘尘的视觉诗》出版，他回国做新书签售会。因为我正值辞职空档，就充当了一下他的经纪人，陪他在 4 个城市举办活动。

这不仅仅是安尘尘的疗愈之旅，也意外地带给我很多启发。

如前文所说，安尘尘曾经是一位抑郁症患者。2010 年我曾陪他在广州求医，接受物理、药物及心理治疗，但貌似并无起色，他只能一次又一次离开前途大好的工作岗位。那时安尘尘在他的个人公众号上写诗，虽然开始时读者很少，却发现诗歌对他而言是治疗的良药。

4年前安尘尘移居纽约。在纽约有2000多位治疗抑郁症的执业医师，他找到了适合他的医生，加之美国的新药多、效果好，社会对抑郁症有着更科学的认识和更宽松的环境，安尘尘的病情很快就有了明显的好转。新的生活环境也给他带来更广阔的创作视野，他大量写诗和摄影，努力地自我救赎，重新寻找着生命的意义，让他从人生最迷失的那一段时期中跳出来——安尘尘这样描述诗歌对他的意义。

有一天，安尘尘意外收到一件来自国内的包裹。原来是他的一位读者张先生，自己排版、设计，把安尘尘的诗制作成了一本没有书号的精美诗集寄到了纽约。张先生也是一位抑郁症患者，他在豆瓣的书评中写道，安尘尘的诗让他找到了"宇宙中直达心灵的频率"，这份来自灵魂深处的共振也成为他疗愈自我的良药。

那本没有正式出版的诗集叫《假装是诗人》，安尘尘原本以为那只是他的自我救赎，没想到也带给了他人正向的力量。再微小的声音都有可能被世界听到并引发改变，这些声音除了唤醒沉睡中的自己，或许也能够帮助到他人，而那更是我们自我价值的实现。

即使如今"成功学"泛滥，依然有很多人不只在追求物质的丰盈，他们也开始思考怎样才能让工作和生活变得更有意义，有价值。安尘尘的自我救赎和救赎他人的经历，也激发了我和朋友们的思考与热情，我决定鼓励和帮助他出版一本真正的诗集。

这本诗集，埋下了一颗种子。

2017 年 12 月 2 日晚，北京，朗园 Vintage 的 ideaPod 创意俱乐部。这是一个寒冷的、普通的冬夜，近百位读者参加了《美如少年：安尘尘的视觉诗》国内首发式，其中不乏各个领域的大咖，包括出版界和互联网界的大佬、ideaPod 的美女创始人、时尚圈"穿普拉达的女魔头"、"世界小姐"们，还有"自媒体大 V"……

读诗、交流、感动、分享……原来我们每个人心中都住着一个少年。单纯的梦想和少年的初心，不仅能对抗抑郁，在这个物质丰富而精神贫乏的时代，更能抵御我们内心的妄念。

之后安尘尘在青岛的方所、广州的旧物仓、深圳的西西弗书店又举办了 3 场分享活动，全国上百家媒体对他的诗集进行了报道，网络上数十万人观看了安尘尘的新书分享活动直播。在每个城市的见面会上，我们都会遇到一群有着共同频率的朋友，我们努力向更多的人传递着自救和助人的理念。

《美如少年：安尘尘的视觉诗》不仅是一本诗集，它还成了一个疗愈项目，让人们从中学到了互助与分享，在这个自媒体的时代，星星之火，可以燎原。一部小众的诗集、一个不知名的作者，汇聚了那么多的爱和力量，让我始料不及，带给我很多的启发和触动，推动了故事继续发生。

抑郁治疗的本质是自救，能自救者方能获救。

"万物皆有缝隙，光由是照进"，诗歌和摄影成为安尘尘和世界沟通的工具，"让我从人生最迷失的一段时期里跳出来，隔着诗歌审度自己的人生，人只有隔着一定距离才能看得清人生的真相。我深信，我不是一个人，曾经丧失理想，但对幸福仍然抱有希望。"

其实，每个人的人生都是如此。这个世界上没有任何一个人能够完全理解另外一个人。在别人眼里的小事，也可能让你感到到了世界末日。亲爱的，这个世界上没有什么救世主能把你拯救出来，只有你自己才能拯救自己。

你有没有勇气按下人生重启键？

安尘尘在活动上和大家交流的一句话，让我印象深刻，"一个人最大的勇气不是面对世界，也不是跟外部环境抗争，而是面对真实的自己"。

而现实生活中，我们常常一边抱怨生活，一边甘愿被生活折磨。真正能抛下过去的，并不多见。我们被经验成就，也被经验限制，不敢越雷池半步。

而身体和精神状况都出现问题的我，必须诚实面对自己，抽丝剥茧地去掉伪装和装饰，和自己真诚对话：现在的一切，是不是我真正想要的？

如果不是，我有没有勇气按下人生的重启键？哪怕按错了也没有关系，还有什么比生活在平静的绝望中更糟糕的事情呢？

拒绝鸡汤，寻找行动方法

在香港过完 2018 年的元旦，《美如少年：安尘尘的视觉诗》国内巡回推广结束，安尘尘返回纽约，我回到了广州。我开始安静下来，和纽约、香港的好友一次又一次地对话。思考如何延续这一场救赎背后的价值，如何能帮助到更多的朋友，把爱和力量继续传递。

安尘尘把他在纽约读到的一本书 The Erban Monk（暂时还没有中文译本），分享给了我。

在压力更大、节奏更快的纽约，该书作者实践了一种生活方式，通过将现代科技与东方智慧结合，帮助都市人找到快乐与平静。

我觉得，这本书与其译作"都市僧侣"（Monk 直译为僧侣），不如叫作"都市修行者"。因为绝大多数的我们仍然逃离不了城市。当然，也没有必要逃离。但我们不能任由压力、焦虑蔓延肆虐，这样我们即使获得成功，也无法快乐和平静。

成功学帮不了我，也同样帮不了和我有着同样焦虑的你们，"心灵鸡汤"只能让我们短暂地麻醉自己。买买买、吃吃吃，用物质包括饮食解决压力，只会带来更多的问题。

怎么办？我们该如何在城市里"修行"？这听起来似乎很玄奥的样子，疲于奔命的城市人哪里有时间穿上长袍盘腿打坐，泡一壶茶、点一盏香？不，把这一幕从你的脑海中赶走吧。

别误会了，这本书可不是宣讲"心灵鸡汤"那一套的。我要传递的，是实用的、可操作的行动指南，是如何变瘦变美不焦虑，成为更美好的自己的切实可行的方法。

从最基本的吃饭、睡眠、运动开始，关注自己的身体，修心先从修身开始。活在当下，找到具体、实用的行动方法，而不是空想。

有了这个意识，我自己也从茫然中看到了一线光明。毕业后的第三个 10年，就从一种全新的生活方式开始！既然我遇到了身体和精神上的问题，那么就应该是靠自己而不是其他人，去找到最有效的方法。

当我踏上了自我救赎之旅一个月后，尽管仍存困惑，但我知道是时候重启我的人生了。我能做的，可以更多。

人是会变的，而改变的发生是有时间节点的，你要耐心等。等到真正触动你的那件事发生，然后那时候人生又沉淀得刚刚好。

21 天瘦身修心法，这是我重启人生后的第一个体验和总结。

改变的缘起是我无法忍受自己日益臃肿的身材。虽然对于 1.67 米的身高而言，130 斤也并不超重，但我站在镜子面前捏捏胳膊、腰腹、大腿……都是赘肉，近 33% 的体脂率给我牢牢盖上了"隐形胖子"的章。

工作上的智慧并不能帮助我战胜美食的诱惑。无法摆脱的饥饿感，一次次让我在短暂成功减肥后很快反弹。这已经不仅仅是发胖的问题了，我感觉自己疲惫不堪，意志消沉。

身体那样沉重和疲惫，灵魂如何轻盈得起来？！我人生的新目标，从减肥开始。虽然只是迈出了小小的一步，但我已经意识到，这一步意义非凡。

这一年我真正领略到了打破思维定势的收获——唯有跨界才会进化。跨行业、跨领域、跨职业，从传统零售到互联网，从时尚界到健康领域，从企业管理者到新媒体 KOL（意见领袖），别再埋怨什么原生家庭了，只要你有见识、有行动力，命运就可以被改变。

原本以为发胖是缺乏自制力、管不住嘴、迈不开腿的结果。直到我折腾过一轮减肥方法后，才了解到女性发胖背后的根本原因。饥饿感和对食物上瘾其实是激素在作祟，而内外双重的压力又会令这种情况雪上加霜。

当我专注于饮食调整，尝试戒掉某些食物时，很快就察觉到自己身体和心理上的变化！而在思考和自省中，我一步步看清了自己内心的焦虑源自何处，也逐渐了解到自己真实的渴望。

短短两个 21 天，我减掉了 18 斤，体脂率从 33% 降到 25%，额外获得的馈赠是皮肤变好，经常自嘲的大饼脸也变得轮廓清晰。外表的改善只是"副产品"，更重要的是我体会到内心的召唤和动力，这份力量支持着我自我疗愈，继续成长。

变瘦变美不焦虑，我不仅做到了，还影响了百万的网友，数千人实践着我的方法。接下来，我想告诉你关于我的 21 天瘦身修心法实践过程中的那些有趣而"折腾"的故事。

高学历也会掉进减肥的坑？

这年头，谁还没减过肥呢？我认识的大部分女性，不是在减肥，就是准备减肥，或者刚刚减肥失败。坊间流传的方法很多，开始都让人踌躇满志，但最后大多都坚持不下来，或短期有效却很快反弹。

我发现即使受过高等教育，大部分人也依然缺乏营养学、运动学的基础知识，一不留神就被别人忽悠了。而很多专家包括营养师的观点，最常见的就是

"少吃多动"。摄取的热量减少，消耗的热量增加，当然会瘦，但是你能坚持多久呢？

身边有不少朋友，在各自的领域里都是精英，但常常会掉进减肥的"坑里"。我一位多年的良师益友 Chris，事业做得风生水起，减肥却没少走弯路，不吃肉却吃了很多面包，结果越减越肥。

我也同样，以为水果里满满的维生素可以减肥美肤，所以用吃水果和喝果汁来代替吃晚餐，结果体检发现内脏脂肪超标。我不清楚碳水化合物过多也会转化为脂肪储存。于是我又每天强迫自己慢跑，跑完不敢吃东西，结果膝盖跑出了问题。后来我还尝试过天天吃水煮青菜，主食是玉米、土豆……

这些方法开始的确有效，但很快我就忍不住贪嘴，甚至暴饮暴食，减下去的几斤很快全长了回来，而且越来越难减，即使少吃也很难瘦下来。

这些年我断断续续地尝试过很多减肥方法，但结果都是一样的——减肥失败。网上的资料良莠不齐，国内的书籍信息较陈旧，减肥机构又以盈利为目的，"业余"减肥难有成效。我不想盲目尝试自己都不信的减肥方法，那样不但没有成果还有可能危害到身体健康。

我决定进入一个全新的领域，一边全身心地投入有关营养学和减肥课程的学习中去，一边和身边的朋友们亲身实验。

非专业人士的专业逆袭

我读书时所学的专业是公共关系，数年前在北京攻读了 EMBA（高级管理人员工商管理硕士），多年来一直在女性、时尚领域的职场里闯荡。而当我开始真正重启自己的人生时，我跨界到了体重管理和心理研究领域。这份勇气从何而来呢?

其实,比勇气更重要的是开放的心态。我身边也有一些朋友,人到中年想要转行,通常却不了了之。如果不具备接受新事物、新思维的心态和能力,过去的经验很有可能成为未来路上的绊脚石。于我而言,我将非专业的出身看作自己的优势,因为没有旧知识的束缚,没有这个领域的惯性思维,我反而更有机会突破和创新。

我也经常用名人的经历来激励自己,比如说,美国第三任总统杰斐逊,不仅是美国《独立宣言》的主要起草人,还是建筑、古生物等学科的专家;英国作家毛姆是学医出身;而摩尔斯电码的发明者摩尔斯先生其实是位画家……

我们可能终其一生都达不到他们的成就,但榜样的力量就在于他们能打开我们的眼界,让我们看到人生的另外一种可能。我们都可以有多重的身份,并不是只能局限在一个领域里。除了本职的工作以外,在业余的时间你可以在自媒体写文章,甚至成为一个作家,还可以做个营养师,管理自己、家人、朋友的健康。

当然,凡事都要先打好基础,万丈高楼也是从平地建起来的。跨界需要系统性地学习,而不是简单看几本书、知道些皮毛就可以的。在此过程中,你要不断探索和挖掘自己的潜能,唯有如此你才能获得令自己诧异的飞速进步。

我用了将近一年的时间,学习了营养学基础、膳食营养学、医学营养学等领域知识,顺便考取了ACI(美国认证协会)认证的高级营养师资格证。证书对我来说并不意味着什么,但这个打基础的过程却是不可缺少的。而当我越深入钻研这个领域,我越发现这个领域有太多的迷思,也有太多的未知。

由于我经常往返于香港、纽约,接触到的信息比较新,渐渐地我发现很多营养、减肥方面的最新研究,在国内却鲜有权威资料。或者即使有一些,也因为商家要盈利而未能普及到大众，所以这时最新版的图书、健康杂志成了我另一个重要的学习渠道。

2018 年我看的书可能是过去 10 年里我看的书的总和了。虽然我并没有在书中找到"黄金屋"和"颜如玉"，但却补充了很多之前欠缺的新知识。几万块钱的书，换不来一个新款名牌包，却给了我另一片天地。当然，还有一副眼镜——因为长时间看书学习，这么多年视力一直很好的我，现在做直播不凑到屏幕前都看不清网友们的提问了……

重启人生，听起来你似乎将拥有无限可能，但这也意味着，你必须从零开始，放下过往的资历，忘掉那些高处的荣耀、众人簇拥的热闹，静下心来学习，只有这样，你才可能逆袭成为跨界高手。

"硅谷狂人"启发了我的第一个21天食谱

在考察不同流派的减肥方法时，有一个人引起了我很大的兴趣。他既不是医生，也不是营养学专家，而是一位自称"狂人"的硅谷商界人士——蒂莫西·费里斯（Timothy Ferriss），一个喜欢颠覆的跨界高手。

11 年前他的第一本书《每周工作 4 小时》，曾经荣登《纽约时报》畅销书排行榜冠军，而在此之前他曾被 26 家出版社拒绝过。

真正让我觉得"太棒了！我等不及要开始了"的，是他的新书《每周健身4 小时》。

我很欣赏他的不随俗和不盲从，他不是一个"速成"一本理论书的高产作者。他选择把自己当成一只小白鼠，用最辛苦的方式亲自实践那些"身体调校法"，并且还带动了数千人跟他一同实践，他从中总结出了最经济、省时和省力的方法，收录到他的书里。那正是我所喜欢并且正在践行的方式。

我仔细研究了蒂莫西的"低糖减脂法"，发现如果你的目标只是减肥，只要调整饮食甚至不用流汗，就可以快速见效。简单来说，这种方法就是避免摄入碳水化合物、水果和乳制品，每一餐由蛋、肉、豆类和蔬菜组成。这种饮食方法的基本目标是控制血糖和胰岛素的变化，而非简单地控制热量摄取。

站在巨人的肩膀上，再结合自己所积累的营养学知识，我迅速行动起来。但只懂得了知识是不够的，我还需要简单易行的方法——怎么吃才能瘦。我开始挑选食材、计算热量、了解宏量营养素和微量营养素的配比，从时尚圈华丽地转身到超市、菜市场，我热火朝天地在超市和厨房之间忙活着。"一个十指不沾阳春水的大小姐，开始了她的新生活"，发小在我的朋友圈里如是评论道。

"布鲁克林 21 天减肥食谱"就这么被我折腾出来了！因为我的朋友们住在纽约的布鲁克林，大家便建议我用这个名字，说是显得洋气，而且这个方法也的确来自美国。

吃饱吃好，无须怎么运动，第一个月我就瘦了将近 10 斤。我将这份食谱推荐给了有需要的朋友们，她们纷纷告诉我这是她们尝试过的最幸福且有效的减肥方法，既不用挨饿，也不用每天逼自己必须运动。

"一不小心"成了拥有百万粉丝的新媒体达人

在我亲身实验过这个减肥食谱并收获良好效果后，我在自己的各个社交媒体账号上，公开了"布鲁克林 21 天减肥食谱"的具体内容。与此同时，我开启了新一轮的减肥计划。这一次我从第一天开始，将每周的食材采购清单，每天的早中晚餐、运动情况、体重、体脂率，还有我的心情，全部记录并公开。

就个性而言，我并不是个喜欢博人眼球、爱"出位"的人。没有人为我"包装"，我也没有什么推手，我在自媒体上呈现的就是真实的自己。这个时代人们经常谈论有关"人设崩塌"方面的话题，我想那更多是露出原形吧。

我在企业做了多年管理工作，在时尚领域也耕耘多年，有扎实的业务知识和管理经验。但坦白说，我并没有想到自己会因为瘦身这件事成了一个新媒体达人。事后总结才发现，这一切其实并非偶然，都是必然的结果。

《减肥竟然吃牛排？！》《晚上饿了就吃一勺花生酱？！》《一周 6 天不吃水果？！》《减肥不要慢跑》……我的一个个短视频被推上了热门。我本意是分享自己学习到并实践有效的方法，纠正一些我认为大多数人的减肥误区，而这些看似有些违背了常识的内容，和传统的理念形成了鲜明的冲突。这些视频里的方法引发网友们越来越多的争议，越来越多的质疑。

另一个有趣的体验，是我发现有些人的关注点永远都不在知识上，这也充分显示了社交媒体的娱乐性："书都拿反了！""刀叉都拿反了！""我看她得有60 多岁了吧？应该回家带孙子去"……

凡事都有两面，这些质疑也助力了我的又一次成长。当面对嘈杂的网络争议甚至网络暴力时，缓解压力就成了我迫切要解决的问题，所以我又不得不去学习了心理学。这还真要感谢那些质疑、讽刺过我的人。

我相信有价值的东西，总会被接受和"追随"。我在新媒体上取得的成功真的出乎了我和朋友们的预料。短时间内我的几个社交媒体账号的粉丝数量都在疯狂增长，最快的时候半个月粉丝量上涨了将近 30 万。

一打开账号，就弹出新增粉丝、评论、留言、私信统统"99+"的标识，以至于我完全没办法正常地工作和生活，从早到晚都在回信息。

我就是这样跨界的，从一个"美女 CEO"，"一不小心"成了新媒体达人，

瘦身，重启人生

有了近百万的粉丝。

从早到晚回复网友的留言还是有成果的，虽然这方法很原始很慢，和公司化的运作不同，但我的用心与耐心，也让我收获了更多朋友的信任和认可，她们不再观望，而是被我倡导的行动型生活方式吸引，和我一起体验如何"变瘦变美不焦虑"。

我不想用"粉丝"这个词来称呼那些关注我、能理解我心声的人，她们是我的读者、观众、听众，也是我的朋友。正如前文所说，心灵的共振让我们连接在了一起。

尽管在社交媒体上关于减肥的方法良莠不齐，但我相信总有一些有智慧的人能做出正确的判断和选择。作为一位低调的新媒体达人，在这里我特别想介绍一下和我一起愉快玩耍的朋友们。从广州到北京，从上海到拉萨，还有俄罗斯、澳大利亚、日本、韩国……她们来自世界各地。这场人生重启，让我认识了一群又美又励志的姑娘。

感谢她们，让我感受到分享的快乐，也收获了满满的信任、陪伴和爱。

在减肥这件事上男女永远不平等

"布鲁克林 21 天减肥食谱"在不断迭代。因为有更多朋友的参与，我收到了大量的信息反馈，仅有数据记录的就已近千人。基于科学而有效率的方法，对于大部分人来说，快速有效地减脂并不难。但很快，我发现了新的问题。

在我收到的求助中，很多人的问题并不是关于饮食方法的。有位叫 LiLi 的朋友，2 个月轻松从 120 斤减到了 104 斤。但没过多久，她沮丧地留言说：心情好坏对减肥影响太大了！心情不好时就想吃高糖食品，根本停不下来，体重回升快，都不敢上秤了，而心情好的时候吃草都是甜的！

减肥坚持不了几天，就会用大吃一顿补回来。
月经期间怎么也管不住嘴。
饮食、运动都没变，今天一上秤重了近 3 斤。
和老公一起减肥，他的效果明显，我的为什么特别慢？
……

我也曾被一次次管不住嘴的挫败感折磨。尽管我不是超重、暴饮暴食成瘾的人，但常年的压力让我沉迷于通过放纵饮食释放自我。这些声音都指向了一个问题：男女有别，在减肥这件事上，亦是如此。

几乎没有一个女生，不觉得自己胖。我的大部分女性朋友，都对自己的身材不满意，不是准备减肥，就是在减肥的过程中。相反，大部分男性朋友并没把减肥当回事，除非是当他们面对健康问题时。

这是因为社会观念中关于女性的体形的评价更为苛刻。当你感觉自己的身材不符合社会和自我的期望时，心情常常会被体重影响，在追求马甲线、"A4腰"的过程中，变得越来越焦虑。

女人天性敏感，情感丰富，善于表达，但对于压力的反应也比较敏锐。而现代社会中，女性所要承担的压力和挑战往往多于男性。女人一面要貌美如花，一面仍要赚钱养家。

身材、皮肤、老公、孩子、工作、房子、父母……身为女人，我们承担着来自各方面的压力，不得不一周 7 天、每天 24 小时忙碌。在压力的驱使下，女性更容易用大吃大喝来应对情绪问题。

但是，你会发现，我们通常又比男人瘦得慢。

这和激素分泌有关。男人体内的睾丸素可以促进代谢，让身体保持精瘦，在基因上他们体脂率低而肌肉含量高。男人长胖，很大可能就是吃多了，稍微控制饮食和增加运动就能看到减肥的效果。

但减肥对女人来说可就难多了，特别是当她们过了 30 岁，即使少吃可能都瘦不下来。一旦过了 40 岁，感觉不管怎么做，都会越来越胖——这是我的亲身体会。

而且通常女性喜欢吃甜品和淀粉类食物，男人更喜欢吃肉，这可能也是女人更容易对食物上瘾的原因。

对于女性而言，体重增加的原因并不那么简单。生理期、青春期、孕期、哺乳期、更年期前，经受过某些疾病等，这些情况可能导致激素分泌紊乱，身体储水而浮肿，这时使用一般的减肥饮食方法就变得没什么效果。

这些性别差异带来的困扰我也一样感同身受过，也曾因被别人的眼光左右而嫌弃自己的身体。我试过很多种减肥方法，在不断调整"布鲁克林 21 天减肥食谱"的过程中，我深深认识到，女性所需要的帮助，仅仅这些还远远不够。

女性肥胖的根本原因是激素分泌失调

学海无涯，书是载我的舟，实验是让我前进的桨。

几千年以来，书籍是超越时间、空间的存在。逝去的圣贤、现代的专家，我们无法见其面，却可以通过一本书，吸收到他的知识，学习到他的精神。虽然网上的知识碎片化、快餐化，看似可以迅速补充，但书仍然是系统学习最好的渠道。

哈佛女医师莎拉·加特弗莱德（Sara Gottfried）的《终结肥胖——哈佛医师的荷尔蒙重整饮食法》（*The Hormone Reset Diet*）；

美国罗伯特·C.阿特金斯博士的《抗衰老饮食》（*Dr.Atkins' Age-Defying Diet*）；

美国心脏病专家史蒂文·R.冈德里（Steven R.Gundry）的《饮食的悖论》（*The Plant Paradox*）；

美国医师罗伯·鲁斯提（Robert H.Lustig）的《杂食者的诅咒》（*Fat Chance*）；

……

读了这些营养学的书后，我发现了女性激素和肥胖之间错综复杂的关系，我让自家妹妹——一位执业药师，把她大学的书本帮我找了出来，一个问题一个问题深入了解。这些让我对女性激素和体重、情绪的关系有了更多更新的认识。

这是个新的领域，1902 年才出现了激素（Hormone）这个词，科学家对它的研究正在不断深入。虽然每个人激素的分泌量极少——举个例子，对女性很重要的雌激素和黄体素，一个女性一生的分泌量也才一汤勺。但是这极少的量，却对人体的代谢发挥着重要的作用。激素几乎掌管着和减肥相关的各个方面，女性的肥胖、对食物上瘾的程度，本质上是激素分泌的失调导致。

听起来"激素分泌失调"似乎很神秘，但每一种激素都和我们吃下去的食物息息相关。我们可以通过调整饮食，重新平衡我们体内的激素，让它正向发挥最大的能量。从研究食物热量、升糖指数到营养素，我开始深入了解每一种食物对体内激素的影响。

除了你相对了解的胰岛素、雌激素、甲状腺激素以外，还有皮质醇、生长激素、瘦体素，这六大激素"合伙"成为让你变胖的凶手，但它们同样可以成为让你瘦下来的朋友。控制好我们体内这六种物质的分泌，比吃什么、不吃什么更重要。

在"布鲁克林 21 天减肥食谱"的基础上，我进行了重新规划和调整，并继续在我和朋友们之间展开实验。在本书的第二章，我会详细介绍，在 21 天中我通过避免摄取某些食物，使原本分泌失调的激素重新得到平衡，而且让它们之间更好地"合作"。

当我的身体恢复轻盈，我和它和谐相处，彼此"信任、理解"时，那种体验太美好了。我感觉由内而外变得年轻有活力，感受到了满满的能量，并且在不知不觉中成为了一个更加自信且充满爱的人。

减肥是人生的另一次成长

当你认真回想自己曾经成功或失败的减肥经历，你就会发现在减肥过程中遇到的很多挑战，其实都是心理问题。如果仅仅是在饮食和运动上调整，即使减肥成功也可能只是暂时的。情绪管理才是基础，打不好这个地基，饮食和运动都是空中楼阁，很容易塌下来。

如果只把眼光盯在瘦多少斤上，有很多种方法都能让你瘦下来，但减肥的过程会让你变得脾气暴躁，为体重的波动而感到焦虑不已，被别人的看法左右……这样的瘦有意义吗？尤其是对女性而言，我们需要的不仅是减肥，更重要的是成为更好的自己，过上自己想要的生活。这是一门需要终生学习的"内外兼修"的课程。

多年以来我一直在追求女性的独立和成长，无意识和有意识地学习自我观照和心理治疗，我把这些方法举一反三地应用在了减肥上。由于我有心理咨询师的学习基础，和这些年作为女性成长培训讲师的经验，当我把这些方法跨界应用到体重管理上，犹如打开了一扇充满希望的门。

"人生没有白走的路，每一步都算数。"我这一路走来的积累，刚好在这一年焕发出了新的生命力。我想如果没有停下来，如果没有重启人生，也许我会带着这些认知继续重复之前的人生却依然不自知。

我不仅要瘦下来，而且要找回人生的自主权。用行动去改变身材焦虑和内心焦虑，不再被外部事物所"绑架"。当然，这需要时间和努力，也不是每一次都会做得很好。但是，当我们能真正反省自己不敢面对的问题时，便已经开始了人生的又一次成长。

在这个过程中，我整理、实验了不同专家的方法，结合自己的心得、体会，梳理出简单易行的行动方案，从呼吸、简易冥想到写日记……我设计出不同的方法和仪式，应对虚无缥缈的情绪，一步步梳理出自己的瘦身修心体系。

21天瘦身修心法能带给你什么？

故事讲到这里，你大概可以了解 21 天瘦身修心法是如何诞生的了。人生是一场奇妙的旅程，不是吗？

（1）身为职业女性，我不得不面对长期的压力导致对食物上瘾，最终造成的肥胖，在一次次减肥挫败的恶性循环中，我决定听从身体的警告，寻找自我救赎之路。

（2）当我跨界到新的行业、新的职业，没有旧知识的束缚，没有新领域的惯性思维，通过学习基础学科的知识、阅读大量的前沿资料、拜访专家，我实现了从非专业人士到专业人士的逆袭。

（3）我研究了国际上最新的减肥方法，专注于女性群体减肥，我了解到不同权威专家对肥胖和激素之间关系的不同见解，以及女性的情绪性饮食问题，最后得出肥胖是女性体内激素分泌失调的必然结果。

（4）我和朋友们亲身实验，逐一测试不同的方法，根据所学知识，结合国内的具体情况，不断调整和形成自己的理论体系。我把这些知识变成了普通人易懂易操作的方法，这些方法开始在小范围内奏效了。

（5）最后，我把这套方法发布在社交媒体上，由于它的科学、有效和省时省力，为我带来了近百万粉丝。数千人参与到实验中来，都有所受益。与此同时，我也进一步了解了国内女性的身体情况，继续升级我的 21 天瘦身修心法。

你所看到的本书中的 21 天瘦身修心法，来自我和数千名中国女性的亲身实验，我们一起见证了这套方法的效果。即使 BMI（身体质量指数）不属于肥胖的女性，也能瘦下来 6~8 斤。对于 BMI 数值较大的朋友们，使用这套方法更能看到体重产生的明显变化，在我的数据记录中，减重最多的一位朋友 21 天减下了 25 斤。

只需要 21 天的时间，你就能体验到戒除影响身体代谢的食物之后的惊人变化，打破不断减肥不断反弹的恶性循环，瘦下来，而且培养出不易发胖的体质。

这套方法和其他减肥方法最大的不同是，它将告诉你激素的变化是如何由内而外地对你产生影响的，它的影响不仅是体重的减轻，也包括压力的舒缓和情绪性饮食的改善，它能让我们的身体、情绪和大脑达到和谐的状态，使我们逐渐不被情绪性饮食绑架。

更重要的是，我会和你一起，共同经历减肥之外的成长。作为一名女性，我能理解你正在面对的，因为你所经历的我能感同身受。相信通过 21 天的内外兼修，你所得到的，不仅仅是变瘦，还有心灵上的不焦虑，一个美丽、优雅的你即将蜕变而出。

（1）我整理出了一份食物清单，在这份清单上列出了简单易行的 21 天食谱，只需按食谱调整饮食，就能让胰岛素、雌激素、甲状腺激素、皮质醇、生长激素以及瘦体素这六大激素重新获得平衡。

（2）21 天瘦身修心法将饮食和心理、精神层面的训练结合，通过简单易行的冥想法、制定计划表等东方智慧和西方科学相融合的方式，帮助你过上不焦虑、不发胖的生活。

（3）即使你很少运动，这个方法同样可以达到一定程度的瘦身效果。但我更鼓励你每周保持适量的运动，虽然这对于减肥来说效果并不一定明显，但运动对你的身体和大脑都有好处。对于这一点我在本书的第四章会具体阐述。

（4）食物是调节身体状态最好的营养剂。请尽量从天然优质食物中摄取需要的营养素。但是我也理解，在现代人的生活方式下，我们较难只通过食物获取到充足的营养素，适当的营养补充品可以帮助你获得激素平衡。

（5）面对减肥，你不是一个人在迷茫与挫折中战斗。在这里我诚挚邀请你加入"珞宁行动吧"，和我一起享受人生吧！关注我的微信公众号"珞宁行动吧"，这里有很多愿意改变、乐意分享的朋友。

最后，我想告诉你：这 21 天将重塑你的习惯，从饮食到思维模式。这不只是一个减肥方法，还可以让你在未来的岁月里，更懂得倾听身体、照顾自己。

我理解，不是所有的人都会像我一样，能放下手里的工作，重新规划自己的人生。但你可以通过 21 天瘦身修心法，学习全然接纳自己，摆脱"压力肥"，体验身心的轻松和不焦虑。

不管是减肥还是做其他任何事，你的改变，不应该是因为外界的眼光，而是因为自己有所觉醒：你想成为一个什么样的人，过上什么样的生活。

中国女性普遍缺乏自信，这和家庭教育、社会价值观导向都有关系。很多时候，不是我们做不到，而是还没有做就放弃了。好不容易积攒起一点自信和勇气，却被旁人泼来的冷水轻易地浇灭了，我们连尝试都没有，就放弃了机会——殊不知我们所放弃的可能是人生最重要的转折点。

我越来越明白勇敢尝试和坚持到底的重要，我看到我的潜能超出了我的想象。不仅是我，还有你，那么多身边的真实案例会告诉你：始终接受改变，一直付诸行动，你会发现另一个更好的自己。你不必追求完美，也不用和别人比较，但更好的自己，值得你去付出和努力。

在和我一同实践着 21 天瘦身修心法的朋友里，有家庭美满的辣妈，因为喜欢美食，老公变着法给她做好吃的，生完孩子后她的体重达到了 140 多斤。然而有了孩子却让她意识到，只有自己变得美好才能成为孩子的榜样。现在她已经减到了 110 斤，比怀孕前还要瘦，对比照根本认不出是同一个人。

有 19 岁在国外读书的漂亮姑娘美琪，其实她并不胖。她从初中开始一个人旅行，感觉并不快乐的她，在我们的瘦身修心之旅中，爱上了读书，开始了运动，"仿佛重生一般，我发现依靠自己的力量改变后的样子真的很美，今年 19 岁，遇到你我觉得很幸运"，她如是说。

还有从 190 斤减到 100 斤的 Kiss Me，腼腆的姑娘考虑好久才发照片给我。变瘦以后她整个人都不一样了，从心态到情绪等各个方面都有了改变。她说自己更大的收获是自信，减肥不仅改变了她，也成就了她。相比于整容，减肥更像是一次重生。

练出马甲线和蜜桃臀的 Coco，用了 4 个月时间将她的体脂率从原来的 27.9% 降到了 19.3%，骨骼肌率从 21.9% 增到 24.3%，谁说女人过了 30 岁皮肤就松弛了？不要总认为不管自己怎么努力，都练不成别人的身材。Coco 的经历便证明了没有请私教，吃好、睡好、练好，依然可以拥有令人羡慕的身材。

还有很多让我感动的故事，真正打动我的不是有许多人使用我的方法后减肥成功，而是她们的努力和不焦虑给她们的人生带来了改变。人生没有白走的路，只要肯努力，每走一步都会变成身体的能量。改变是最有力量的成长。在我的社交媒体上，你也会持续听到这些故事。

轻松瘦身不焦虑的 4 个法则

　　我经常会收到很多朋友的各种各样的问题，从减肥瘦身到人生理想，从职场困惑到感情纠葛。不管是学生、白领，还是"宝妈"，女人思考问题时总会掺杂太多感性，将原本简单的问题搞成一团乱麻。

　　我能理解，因为这是女人的天性。只是多年的职场训练和自我的不断重塑，让我学会一层层剥丝抽茧，透过表面看到本质。

　　在开始你的 21 天瘦身修心之旅前，我想先分享下我的 4 个人生法则。正是因为这些简单而有力的指引，我自信而勇敢地踏上了人生重启的路，开始了自我救赎，也帮助到了别人。

除非你迈出第一步，否则你的旅程永远不会开始。

大多数人缺少的不是方法和建议，而是充分、彻底的行动力，以及持之以恒的努力。无论你想在哪个领域取得成功，都不可能只是通过顺其自然，跟着感觉走就能获得的。

"Follow up your heart"（跟随自己的本心），只有开了头，经历漫长、枯燥甚至让人挫败的过程，才能渐渐改变你的人生路线。

不要再抱怨基因，不要把肥胖和不爱运动归咎为与生俱来，而原谅自己。即使你的父母也胖，但那不是你变胖的唯一原因。你所遗传的，更多是饮食和运动的习惯。

只要你有必须改变的决心，而不只是把减肥当作可有可无的尝试，只要你努力依照科学的方法行动，你的身体就会有很大的变化。要知道"我要做"比"我想做"更有力量。

我也常会遇到各种爱挑刺的人。挑刺很好，即使是科学界也存在着各种不同的争议，但一个观点吵来吵去，短期内是得不到结果的。专家的研究也可能在一段时间后被推翻，被新的发现取而代之。

但请不要因为怀疑而无所作为，冷眼旁观，以此为借口不去行动。如果你有基础的判断，在不会伤害自己的前提下，为什么不去试试呢？

请不要因为别人的打击而放弃尝试。当你想要做出改变时，一定会有人对你泼来冷水，斩钉截铁地告诉你：你不行，你办不到。

减肥如此，人生亦是如此。

法则2：越是简单，越有力量

想要的东西多，才是焦虑的来源。

当我经历过生活和职场上的起起落落后，越来越发现当我卸下的越多，离不开的东西就越少。现在的我对物质的依赖变少，相信简单才是既舒适又恰当的生活方式。

相信 21 天瘦身修心法的食谱，也会给你简单生活的体验。它的食材和调味品并不复杂，来来回回就那几种。这些食品准备起来简单、制作方法简单，减脂效果却很明显，也更容易坚持下来。

我会建议你第一步为厨房做"断舍离"，丢弃那些大包装、保质期长的加工食品。减肥不是节食，而是不吃垃圾食品，让自己吃得更营养更精致，更对得起自己的味觉和身体。

吃得少一点，但吃得好一点；买得少一点，但买得好一点。只需要一点好东西，就会让人心情愉悦。从吃东西到买东西，我们都可以尝试拥有更少但更优质的东西。

当你清理掉那些多余的东西，你便会省出更多时间来关注自己的身体。当你对自己的身体感觉良好时，才有时间专注于精神体验，你会感到更加幸福。

我们的厨房、衣橱以及人际关系，都是如此，"断舍离"是我们终身要学习的功课。有规律的生活，清爽的空间，虽然看似每一天都是重复的，但每一天也都是拥有好心情的。

刚开始执行一个减肥方案时，每个人都认为自己会坚持到底，但很多人最终会以失败收场，只有少数的人能坚持下来。与其寻找完美的方法，不如找一个自己更容易坚持的。

当我们的生活被廉价的食物和用品填满，当我们的身体被脂肪压得疲惫不堪，这时我们便不再对人生抱有更多美好的憧憬。

越是简单，越有力量。

法则3：不必浪费，只需有效

我喜欢蒂莫西"每周4小时"的观点：你只要每周工作4小时，就应该可以功成名就；只要每周锻炼4小时，就可以拥有你想要的身材。

既然调整饮食结构就能减肥，为什么每天要"苦哈哈"跑得气喘吁吁？既然1周运动4小时，就足以刺激和强化肌肉，为什么每天要逼自己去健身房？就好像把水烧开，只需要100摄氏度，再高的温度只是徒然浪费资源。

这就是他提到的一个观点：最低剂量，也就是能够达到目标的最小剂量。超过这个，就是浪费。不管是减脂还是增肌，饮食和运动都有一个最低量，只要达到这个量就能够影响局部肌肉的热量消耗和激素的分泌。

如果你只是想减肥，不必流汗去运动。我将告诉你最经济、省时又省力的方法，和"最低剂量"的理念如出一辙。要知道符合人天性的方法，一定会成功。

还在用"吃得苦中苦，方为人上人"来激励自己？如果可以不用那么辛苦就能收到成果，那么为什么不试试呢？

这不是让你偷懒，而是省下时间、精力和金钱，去做更多的事情，去陪伴家人，享受生活。

更多的未必是更好的。有时候真的不必完美，只需有效。

法则4：滴水穿石，相信仪式的力量

据说成功人士的日常，都有自己的一套标准动作。小野洋子每天对着镜子微笑，让约翰·列侬即使解散了披头士，也要和她在一起。

不管是减肥还是生活，坚持一套标准动作，持续下来就会带来改变，犹如滴水穿石。

但我们并不需要焚香、点蜡或者做其他刻意的准备。对于想要改变，却又不知道如何下手的人而言，每天坚持几分钟，从看起来不起眼的小动作开始，每天积累一点点，改变便会发生。

那么仪式的力量到底在哪里？

比如，你想成为富人，可以试着先假装自己有钱，假装久了，大脑就可能会变成富人的思维方式，行为也就会渐渐变得和富人一样，到最后就可能真正拥有了财富。

作为一个胖子，如果你观察瘦子的生活方式，学习他们那些看起来不起眼的生活习惯，便可能会改变你现在的身材。而一旦你每天做的事，都是正面的事，累积的次数多了，你的思想和行为便会跟着改变。

爱不只是一种感觉，仪式也不只是一种态度，它是一种能力，帮助我们用行动更好地掌握自己的人生。

不仅是在 21 天瘦身修心之旅中，你会感受到仪式的力量，在漫长的人生岁月中，仪式感也能帮我们对抗乏味，为我们的生活印下美好的记忆。

美国作家罗伯特·柯里尔说过，想象你期望得到的东西，看到它、感受它、相信它，在心里画出设计图，并开始建造它。

你准备好了吗？从翻开这本书那一刻起，想象你期望的人生，看到它、感受它、相信它，我们一起开始 21 天瘦身修心之旅，和珞宁一起行动起来吧！

2

第二章
基础篇：
少吃多动？你听说的那些流行的
减肥方法不一定适合你

胖不是你的错，男女有别，减肥也
是如此。激素听起来似乎很神秘，
但每一种激素的分泌都和你的饮食
和生活习惯息息相关。

胖不是女人的错

10个人中竟有4个体重超标?

还记得二三十年前吗?对于 70 后、80 后来说,那是他们的青少年时期。

那时候,汽水、鲜榨果汁对于青少年来说还是奢侈品。市场上也没有那么多很甜的反季节水果销售,更别说超市货架上琳琅满目的零食和饮料,而且还都是超大包装的。

那时候大部分父母早中晚都在家里做饭,我记得中午 12 点吃过午饭,傍晚 6 点放学回到家时早就饿得饥肠辘辘了。但是现在,你有多久没有体验到饥饿的感觉了?

我们周边的饮食环境发生了太大的变化，而与此同时，很不幸，肥胖在全球成了流行病。

别焦虑，这不是你一个人的问题，这是人类都在面临的问题，人类正在胖起来。据统计，2016 年，全球有 40% 的成年人和 18% 的青少年（5~19 岁）体重超标。[1]

2016 年医学杂志《柳叶刀》上也发表了一项研究成果，在历时 40 年对覆盖 186 个国家的 1920 万名成年人的体重进行调研后，科学家们宣布世界上胖子的数量已经超过了瘦子。全球男性肥胖率从以前的 3.2% 升至 10.8%，女性肥胖率则从以前的 6.4% 升至 14.9%。[2] 可以看出，女性的肥胖率明显高于男性。

中国的肥胖人口位居世界首位，超过了美国。在严重肥胖的人口中，以 1975 年出生的男性和女性数据为例，中国的排名由曾经的分列第 60 位和第 41 位均飙升至第 2 位。[3]

肥胖是经济发展的必然结果，用一句话来分析就是：现代人的钱多了，食品多了，体力活儿少了，加工食品的价格更便宜，全球贸易让我们买垃圾食品也越来越容易。

在原始社会我们要狩猎和采集，后来我们的祖辈绝大多数还要在田里干活。但如今，我们从农村搬到城市，机器做了人类曾经做的工作，体力活动少了很多。

而整个食品的大环境，没人可以逃脱。我们吃下去的每一口食物，甚至所用的化妆品，都可能让人变得更胖。

是的，我们非常有可能会越来越胖。

一说到肥胖，我们通常会想到"好吃懒做"这个词。不管是在东方还是西方的文化中，这个词经常和一些负面形象联系在一起。

对应的，一谈到减肥，很多专家包括营养师给你的建议，总结起来都是"少吃"和"多动"。既然胖是因为吃进去的热量太多，但身体活动量又不足，那少吃和多动这样的方法听起来似乎很合理呀。

我曾经也理所当然地认为，只要管得住嘴，迈得开腿，没有减不下去的肥。管不住嘴、迈不开腿，那么胖起来就是你自己的选择了，是自己意志力不够，不能怪别人。但直到我折腾了一圈才发现，这个观念，并不是完全正确。

确实，从原理上说，只要我们摄取的食物热量少于消耗掉的，就能一直瘦下去。但实际情况是有些人耗尽力气也管不住自己的嘴巴，某些食物像毒品一样让人上瘾，我们减肥后一旦恢复以往的饮食习惯，肥肉便会悄悄回归。

所以，还是要花些时间，去了解下卡路里背后的故事。不过请不用担心，我既不是医生也不是科学家，在这本书里你不会看到什么深奥的化学公式。我只是作为一位体验者和一个新生活方式的倡导者，想要把我学习到的知识同你分享，我尽可能地用简单的文字将它们表达出来，希望可以对你有所帮助。

恋爱因为它？肥胖也因为它？

人体大概由60万亿个细胞组成，这些细胞勤劳地24小时持续工作，但是大部分细胞的活动我们都感觉不到，比如说消化、吸收、代谢。但正是这一系列的化学反应，主导了我们的行为——那些正确的行为和错误的行为。

比如说抑郁症，它并不等同于性格缺陷，只靠心理辅导解决不了身体内化学反应的缺陷，所以也无法改善紊乱的脑内神经分泌。

再比如说一见钟情，其实它是我们大脑中 PEA（全称 phenethylamine，即苯乙胺）分泌的结果。而由 PEA 促发的多巴胺的分泌则是你在热恋时感到如胶似漆的原因。

我们每天和自己斗争，挣扎着在食物之间做出艰难的选择，可能收获短暂的胜利，但随即又会沦陷，很快我们便会放弃，然后吃个不停。同样，这也不是性格或者意志力的问题，因为激素在控制我们饮食的行为。肥胖的产生，也是我们体内化学反应的结果。[4]

我们肉眼能看到自己吃进了哪些食物、分量如何，也可以算出碳水化合物、蛋白质、脂肪这三大营养素的比例。再稍微用点心，也能知道自己每餐的维生素、矿物质以及膳食纤维的摄取量。但我们还是不了解自己发胖的原因。很多人都不知道这其实是激素对我们的身体产生了影响。

目前人体内已发现的激素有 75 种以上。作为脑内信息传递的化学物质，激素分泌在大脑的各个地方，大脑通过它向全身传递指令，人体内的所有器官都受命于它的指挥。

虽然分泌量极其微小，但激素的作用却无比重要。如果没有了激素，人类就会变得不会思考、不会行动，也会失去感知的能力。

你以为自己只是意志力不够才会导致减肥失败，但其实真正的原因却是你体内的激素分泌失调。激素主导你吃进去多少东西，掌管着合成和储藏脂肪的功能，它也会激发或者抑制你的食欲，让你对某种食物上瘾或厌倦。

和肥胖有很大关系的瘦体素，直到 1994 年才被科学家们发现。这也难怪，我们对激素的了解并不多，特别是它和肥胖的关系。

好的消息是，我们体内的激素分泌是可以改变的。通过对饮食、生活习惯的调整，可以让它们在体内重新保持平衡，在新陈代谢中扮演正面的角色。在接下来的篇章里，我们来聊一聊六大激素，它们是如何让女人长胖，并且害我们不断陷入自责和愧疚之中的。

常规减肥法为什么对你没用？

我身边大多是职业女性，她们既要出得厅堂，还得入得厨房。白天在外努力工作，回到家还要继续照顾家人的饮食起居。即使是全职太太，操持家务的压力一点儿也不比上班轻松。我想，这也是大部分城市女性的生活写照吧。

哪有什么"兼顾事业和家庭"，经历过的人都明白，这是个不折不扣的伪命题。如果你真的这样要求自己，结果只会搞到身体和情绪都失控。下面的故事，是我和你们都曾经亲身体验过的，女人如何在饮食中失控，并且被挫败、羞愧一次次折磨。

开始时我们总是信心满满，早上起床时和自己说："我要减肥！从今天起，我要多吃蔬菜少吃淀粉，绝对不吃面包、蛋糕和零食，而且要抽出 30 分钟时间做运动。"

也许前几天可以顺利度过，但或许第一天的下午，你就开始感觉焦虑、烦躁，忍不住总想吃点什么。而下属又搞砸了一项任务，或者你又接到一个让你很吃力的业绩目标……工作上的林林总总，又加重了你对甜食的渴望。

还好晚上没有加班的计划，你顺利回到家，喘了口气为家人准备晚餐。在厨房里你忍不住吃了包薯片，这让你情绪好了些。而晚上辅导孩子作业时，看着躺在沙发上玩手机的孩子他爸，以及孩子又退步的成绩，你要花好大力气才能把一腔怒火压下去，努力维持着贤妻良母的形象。而运动？算了吧，在一天的工作和家务之后，你已经完全没有力气和心情再做什么运动了。

或者没有小孩的你，再一次被上司留下来加班，你已经不记得这是本月的第几次加班了。永远有做不完的工作，一个任务接着另一个的任务。原本想点沙拉的你，突然感觉到想吃些热量高的食品，麻辣火锅？小龙虾？烧烤？最后不是点了外卖，就是加班后去吃了夜宵……而去健身的计划又一次搁浅了。

经过了这漫长的一天，当你躺在床上，摸着自己日益凸起的小腹，你感到愧疚不已，"我今天真的是想控制好饮食的，真的想去运动，为什么我又没做到？我的身材和生活真是失败！"

这是我曾经的故事，我想也是很多女性都曾经历过的事。因为我们只是在寻求减肥方案，曾听到过也亲身尝试了很多减肥方法，低糖饮食、生酮饮食、高蛋白、碳水循环、轻断食……但对于很多女性（包括我）而言，这些方法并没有长期的减肥效果。

自我评估问卷

1. 饭后不久就饿了，或者即使不饿，也管不住自己的嘴，总是想吃某些食物。

2. 暴饮暴食，原本只想吃一口，但发现自己根本停不下来。

3. 吃了很多后，靠催吐、泻药或者运动来弥补进食的罪恶感。

4. 即使吃得不多也很难瘦下来，但胖起来却很容易。

5. 每天量体重，稍微重一点就沮丧不已。

6. 经常尝试各种最新的减肥方法，但总是无法长久坚持。

7. 经常吃那些让你长胖并且不舒服的食物，停不下来。

8. 在办公室和家里最常见的状态是坐着，吃饱了就不想动弹。

9. 晚上总是迟迟不睡，即使睡足了 8 小时醒来感觉也很疲惫。

10. 已经出现健康方面的问题，如糖尿病前期、脂肪肝、代谢症候群等。

如果以上 10 种情况，你有超过 4 种出现，那么很明显，于你而言，解决对食物上瘾的问题，平衡激素分泌，学习情绪管理，以及在精神层面治愈内心的创伤，是你迫在眉睫要关注的事情。

激素瘦身 6 大法则

关于激素如何影响着我们的饮食行为，是个复杂的化学过程，直到现在仍存在很多未知的方面等待人类去探索。而控制人体大部分激素分泌的地方叫下视丘（hypothalamus），它就位于大脑底部，和我们的大拇指指甲盖差不多大小。[5]在大脑和激素的协调作用下，我们决定是否进食。这其中的运作是很复杂的。

对于大部分读者而言，我们可以跳过枯燥难懂的医学名词，直接了解哪一种激素对饮食行为产生了怎样的影响，并且学习我们如何通过食物去重新平衡它。

这个方法并不是限制我们的热量摄取。虽然节食可以让体重短期内得到减轻，但我们体内的激素分泌可能仍然紊乱，所以我们最终还是可能会回到以前的饮食模式上。想要让其保持平衡，不吃什么比吃什么更重要。这是 21 天瘦身修心法和其他减肥方法最不同的一点，但如果你能严格遵守不吃什么这个规则，相信我，你的状态会从身体到精神上都变得越来越好。

法则1：断糖，平衡胰岛素分泌

想要瘦身，长期过不发胖的生活，控制住"肥胖激素"——胰岛素分泌至关重要。

戒掉精制的米、面、糖，这些是让你发胖和对食物上瘾的"凶手"。

法则2：断水果，平衡瘦体素分泌

瘦体素和胰岛素是一对亲密的"姐妹"，她们会一起捣乱，让你管不住嘴。

戒掉果汁、水果、含果糖的加工食品，你可能想不到果糖才是导致发胖最危险的糖类。

法则3：断红肉，平衡雌激素分泌

女性的雌激素是"美丽激素"，但它一旦过多了就会让人肥胖和生病。

戒掉传统的谷饲红肉，注意选择个人护理用品，避免雌激素水平偏高。

法则4：断谷物，平衡甲状腺激素分泌

从小吃到大的精制"主食"，其实它们不旦扰乱了胰岛素和甲状腺激素的平衡分泌，还引发了肥胖和疾病的风险。

戒掉精制谷物，不仅可以瘦身，也会改善你对食物上瘾的程度，使你注意力更集中，精力更充沛。

法则5：断乳制品，平衡生长激素分泌

引发胰岛素反应的乳制品，影响人体内的生长激素分泌，易引起过敏、发炎等症状。

戒掉乳制品，并不需要担心蛋白质和钙的流失，而且可以让减脂效率大大提高。

法则6：断咖啡因，平衡皮质醇分泌

"压力肥"不是调侃，皮质醇让你想吃高糖高脂的食物，并且加快脂肪的囤积。戒掉咖啡因和酒精，让皮质醇恢复平衡的状态，才能解决情绪性饮食的问题。

在开始介绍具体的饮食平衡方法之前，我们还是要花一点时间，对为什么在减肥期间要戒掉这6类食物，以及这样做带来的好处，再逐一说明下。

法则1：断糖，平衡胰岛素分泌

想要瘦身、过不发胖的生活，平衡好"肥胖激素"——胰岛素分泌至关重要。戒掉精制的米、面、糖，这是让你发胖和食物上瘾的"凶手"。

据说女人有两个胃，一个用来吃饭，一个用来吃甜品。没有甜品作为结束的一餐是不完整的，下午茶常常是咖啡搭配蛋糕。我也喜欢精制加工的淀粉类食物，比如我喜欢早餐享用面包和麦片。作为一名山东人，包子、油饼、面条，我看到了也会大快朵颐。但这些淀粉类的食物，吃进体内就会被转化为葡萄糖。

尽管我知道高糖食物不是个好朋友，但我还是喜欢它。它让我快乐，也让我上瘾，相信和我一样的女性朋友有很多。但当你发现自己对食物上瘾，特别渴望甜食、淀粉时，即使强忍少吃、拼命运动，仍很难瘦下来。过了青春期但脸上经常长痘痘，四肢纤细而肚腩突出，说明高糖已经扰乱了你体内的激素分泌。

事实上，我们在不知不觉中吃下的糖比想象中的还要多。不信你可以在超市里随手拿起包装过的加工食品，认真看一下上面的成分表，就会发现大部分食品里面几乎都添加了糖，包括糖和代糖。像营养麦片、椒盐饼干、薯片、沙拉酱，甚至是

熟食。生产商们潜心研究如何达到甜、咸、油的最佳口感，好让你一吃再吃。

你是否有以下的问题?

1. 对甜食上瘾，或者对淀粉类食物上瘾，并且无法戒掉。
2. 吃完饭不到 3 小时就会感觉饥饿? 不吃东西就觉得烦躁。
3. 很少运动，活动量也很少，在办公室里经常久坐。
4. 空腹测量血糖的正常范围为 3.9mmol/L~6.1 mmol/L，但你的血糖值过高或者过低? [6]
5. 空腹胰岛素正常值为 5 μ U/ML ～ 20 μ U/ML，但你的指数高于正常值。[7]

什么是"碳水化合物"?

碳水化合物，也称糖类，是人类所需的三大产热营养素之一，另外两大产热营养素是蛋白质和脂肪。简单来说，从食物角度理解，碳水化合物主要就是精制糖和淀粉。

在营养学上，碳水化合物分为单糖、双糖、低聚糖和多糖。只有单糖（葡萄糖、果糖和半乳糖）能被人体直接吸收，双糖（蔗糖、麦芽糖、乳糖）和多糖（淀粉、纤维素）被转化为葡萄糖后，才能被人体吸收。低聚糖主要改善人体生态环境。

让你发胖的头号凶手："肥胖激素"——胰岛素

我们为什么要吃饭？因为不管走路、跑步，还是一些微小的动作，甚至睡觉时，人体都会消耗能量。而当你进食时，胰岛素是把食物转化为能量的重要激素。

胰岛素在大多数人的认知里，往往与糖尿病有关：糖尿病患者需要注射胰岛素来控制血糖。但了解胰岛素在饮食行为中的作用后，你就会明白它的失衡其实是导致你发胖的头号凶手。

如果只是偶尔吃块蛋糕，血液中葡萄糖一旦升高，身体就会分泌胰岛素，它把葡萄糖赶出血液，转化成能量送往肌肉，供应我们日常活动所需的热量。如果你刚跑完马拉松，耗尽了能量，吃点糖确实能为你迅速补充能量。

但糟糕的是，现实生活中绝大多数人都没有挨饿或者耗尽能量的情况。而当你经常吃进精制糖和淀粉时，问题就来了。由于血糖飙升，身体就会分泌越来越多的胰岛素，把葡萄糖储存起来。但人体每天消耗的能量是有限的，现代人的活动和运动量都少得可怜，肝脏和肌肉储存能量的空间有限，过剩的葡萄糖全部都变成脂肪了——要么就是随着血液循环进入血脂，要么就变成脂肪。

胰岛素是必需的，但它是促进脂肪合成的激素，胰岛素分泌得越多，你体内囤积的脂肪也就越多。所以，胰岛素又被形象地称为"肥胖激素"。[8]

糖引发的食物上瘾和恶性循环

既然吃糖让我们发胖甚至生病，为什么人们还是喜欢吃糖呢？

因为糖会让人心情变好，它会促进多巴胺的反应，而多巴胺负责传递愉悦、幸福的感觉。我们谈恋爱、运动都会刺激多巴胺的分泌，糖、咖啡因、毒品也会。麻烦的是，多巴胺会让你上瘾。糖吃得越多，大脑自然分泌的多巴胺就越少，你需要摄取更多的糖，才能产生和原来相同的快感。[9]

因为吃糖而产生的多巴胺反应，会让你继续想寻找那种愉悦感。糖会向大脑不间断地发出摄取糖的信号，就像烟瘾一样，明知道吸烟有害健康，但有烟瘾的人就是控制不住地想要抽烟。糖也会让我们上瘾，即使肚子饱了也还是想继续吃。这便产生了我们实际上并不缺乏能量，但却始终有饥饿感的现象。女性对食物上瘾的情况比男性严重，这和女性更偏爱甜食、淀粉类食物有一定的关系。

各种精制糖，被营养学家称为"空的卡路里"，因为除了热量，它们一点儿营养素都没有。吃进去热量，却缺乏营养素，包括蛋白质、维生素和矿物质等，导致身体内的细胞无法制造能量。这也是甜食虽然短时间会给人带来心情愉悦，但也让人感到疲惫的原因，一直不停地吃东西，其实是你的身体缺乏营养。

长期摄入过多的饮料、精制的碳水化合物（如白米、白面），使我们的血糖像过山车一样剧烈波动，胰岛素就得疲惫不堪地降低它。而细胞会慢慢对胰岛素产生对抗性、变得不敏感，这时就需要胰脏分泌更多的胰岛素来平衡血糖。

除了影响脂肪合成，胰岛素还会影响很多代谢激素，让我们的肥胖问题雪上加霜。比如，胰岛素分泌过多会导致不健康的雌激素分泌过多；它也会提高瘦体素的值，让这个和肥胖也密切相关的激素变得不敏感，吃再多东西还是会感觉饿。[10]

接下来就是可怕的恶性循环了（见图2-1）。

1.再低热量的食物，也会被转化为脂肪，囤积在你的臀部、腹部、大腿……那些你不想胖的地方。

2.你以为剧烈运动会消耗脂肪，但抱歉，过高的胰岛素水平会阻止身体代谢脂肪。

3.胰岛素是食欲的开关，当它分泌过多时就会不断地给你制造饥饿感，让你对食物上瘾。

这就是前文所说的：即使我们尽量少吃，拼命运动，还是瘦不下来的根本原因。

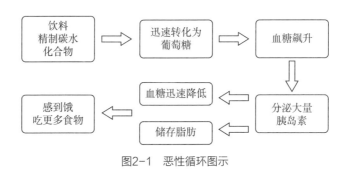

图2-1 恶性循环图示

除了发胖，糖也是皮肤杀手

如果你爱吃甜食，又容易长痘，那么说实话十有八九这两者之间是有关系的。吃精制糖会导致胰岛素水平飙升，胰岛素还有一个功能，就是促使油脂腺工作得更卖力，分泌更多油脂。[11] 而长痘很大的一个原因就是油脂分泌过多，导致毛孔被堵塞。

另外，体内毒素有两个出处：一个是肠道，通过排便离开人体；一个是透过皮肤毛孔。糖进入身体，会破坏肠道的益生菌活性，从而影响肠道健康。糖吃多了，还会导致便秘。这么一来，人身体里代谢产生的废物就没法顺利排走，而肠道走不了，就会走皮肤系统，导致长痘。

即使不胖，偏瘦的人在短时间内摄取过量的糖分，也会变成脂肪储存，加大脂肪细胞的面积，从而挤压真皮层，发生一系列反应。过量的糖分和蛋白质结合，形成晚期糖基化终末产物（AGEs）。这种物质会促使皮肤老化，皮肤就更容易失去弹性，出现橘皮纹了。

胰岛素分泌平衡的5个原则

只靠少吃控制热量，解决不了胰岛素分泌失调的问题。减肥饮食中最重要的，是维持稳定的血糖浓度，从而使胰岛素分泌平衡，不太高也不太低，让它在体内维持正常水平。当胰岛素分泌减少的时候，脂肪细胞中的甘油三酯会分解并燃烧掉，这便是我们平时说的脂肪燃烧。

以下5个饮食方面的调整方法，会帮助你在21天内平衡胰岛素分泌。一旦你开始按照这些方法去做，就会发现不仅能给你带来体重、体围上的明显变化，食物上瘾问题慢慢改善了，你还会感觉精神饱满，皮肤也变得通透光滑起来。

1. 戒糖和代糖

在21天中戒掉虽然甜蜜但会让你上瘾的精制糖和代糖，包括所有添加糖、甜味剂的食品。如白糖、红糖、蜂蜜、玉米糖浆、木糖醇等，在下文的表格中，你会看到哪些是天然的"甜味剂"、哪些是人工合成的甜味剂。不过，你依然还可以从天然食物中摄取一部分糖，但得小心避开精制糖。

即使从天然植物中提取的代糖，比如说甜菊糖、甘露醇等，它们没有热量，不会让血糖飙升，但吃多了，也会导致肠内负责消化、代谢的细菌失衡，影响内分泌代谢。

当你吃了人工甜味剂，大脑一会儿就会反应过来：为什么我尝到了甜味，但是血糖还是没有反应？！接下来，你会变本加厉地更想吃糖、淀粉类的食物。如此继续下去，永远无法摆脱对糖类的依赖。所以代糖食品和饮料可以偶尔摄取一些作为生活的调剂，但并不建议长期摄取这类代糖食品。

天然"甜味剂"

红糖　　蜂蜜　　蔗糖　　黑糖　　多晶糖（冰糖）

枫糖浆　糖蜜　　椰糖　　椰子　　蜜枣　　甜叶菊

果汁

精炼加工、来自天然的甜味剂

龙舌兰花蜜　麦芽糖　麦芽糖浆　玉米糖浆　高果糖玉米糖浆

高粱糖浆（或其他糖浆类）

甜菊糖　糖霜　木糖醇　甘露醇

人工合成甜味剂

阿斯巴甜　　三氯蔗糖　　邻苯甲酰磺酰亚胺（俗称糖精）　菊粉

2. 选择天然食物、营养密度高的碳水化合物

21 天瘦身修心法并不是一个零碳水化合物或低碳水化合物的食谱，你可以根据自己身体的能量需求，调整碳水化合物的摄取量，比如如果你日常活动量大，有运动的习惯，或者正处于哺乳期时，都可以适当增加碳水化合物的摄取量。

但我们要选择天然食物、营养密度高的碳水化合物，比如豆类、根茎植物。它们不仅含有供应能量的基础营养素，还含有人体代谢必需的维生素、矿物质和膳食纤维。而你认为是健康食品的全麦面包，它里面的成分除了碳水化合物以外，并不能为人提供其他身体所需的微量元素。

很多商家标榜着"健康食品"的食物并不健康，当你认真查看包装上的营养成分表，就会发现那上面有很多你完全看不懂的名词，那些都是实验室里制造出来的化学合成物质。

生酮饮食减肥法要求每天摄取的碳水化合物不高于5%，即对一个成年人来说，每天摄取的碳水化合物的量大概在20克以下。但过度控制碳水化合物会导致压力激素——皮质醇分泌的增加。

净碳水化合物的摄取量要根据个体热量需求的不同而定，若每天在30克~50克之间，虽然不是生酮饮食法，但也会帮助人体调节胰岛素分泌的平衡。恢复正常饮食时，你可以逐步增加碳水化合物在每天摄取食物中的占比，但需要注意的是，如果每天摄入碳水化合物的量超过100克，仍无法解决体重超标、胰岛素分泌失调的问题。[12]

我的经验是，三餐饮食中包括500克的绿色蔬菜、100克的小扁豆（生重），净碳水化合物大概会在63克左右。[13] 对于活动量不大的我来说，摄入的能量足够了，也可以达到减轻体重的效果。小扁豆除了高蛋白高营养，本身有抑制血糖和胰岛素的作用，在后文中会有详细的介绍。

但如果一天内摄取净碳水化合物的量超过100克——吃个大约200克的白

面包基本上就会达到这个数值了，便很容易出现体重无法下降的停滞状态。

如果你懒得计算自己每天净碳水化合物的摄取量，那么还有一个简单的方法，就是计算自己每天碳水化合物的摄取量，通常"低碳水摄取量"指的是每天碳水化合物的摄入量控制在 30 克~75 克。对于活动量不大以及大部分做力量训练的人来说，这个范围内的碳水化合物摄取量是健康的。如果每天的活动量较大，或者会做密集的有氧运动，则需要适当提高碳水的摄入量。但仍然建议多吃慢速吸收的碳水化合物，如全谷物，而不是精制的米、面和糖。

慢速碳水化合物

顾名思义，是能被身体慢速吸收的碳水化合物，这类食物消化速度慢，饱腹感持续时间久，血糖上升速度比较稳定，可以避免胰岛素快速分泌。也被称为复杂碳水化合物、优质碳水化合物，比如绿色蔬菜、粗粮和根茎类植物。

快速碳水化合物

这一类食物是能被人体快速吸收并快速释放能量的——相应的，快速碳水化合物会引起人体内的血糖含量迅速升高，让人陷入越吃越不想动、越吃越想吃的恶性循环中。也被称为简单碳水化合物、劣质碳水化合物，比如白米、白面、精制的谷物，还包括各种甜点和含糖饮料。

净碳水化合物

这是一种饮食中碳水化合物的计量方法，净碳水化合物含量＝碳水化合物总含量－膳食纤维含量。举个例子，比如说你吃了 100 克西蓝花，含有 4.3 克的碳水化合物、1.6 克的膳食纤维，那么你摄取的净碳水化合物含量即 4.3－1.6＝2.7 克[14]。

3. 选择低升糖指数的食物

在平衡胰岛素的过程中，最重要的是吃对食物，抑制血糖的上升。每种食物都会有一个 GI 值，GI 值又叫升糖指数，即食物吃下后，引起血糖高低的指标。

升糖指数是用来描述食物在人体内转化成糖的速度的指标，但它并不能告诉你食物中碳水化合物的含量有多少，所以还要关注 GL 值，即升糖负荷值。我们需要将 GI 值和 GL 值综合考虑，一般来说，GI 值超过 50，或者 GL 值超过 20 的食物就应尽量避免摄入了。[15]

绿色蔬菜不仅 GI 和 GL 值都低，而且富含微量元素。成年女性每天需要摄取 500 克蔬菜，特别是深绿色蔬菜，它们是帮助排出毒素、平衡体内激素的关键之一。

我曾经很不爱吃蔬菜，但当我知道了更多知识，开始行动起来，我也真正体验到了吃蔬菜给身体带来的好处。所谓"知明行习"，即知道、明白、行动，并养成习惯，于我而言对待瘦身也是如此，四个步骤缺一不可。

现在的我每天至少午、晚餐都会有蔬菜。生食是最能保留蔬菜中营养素的，不过煮熟可以多吃一些，但不要过度烹饪，尽量缩短烹饪的时间。推荐购买有机蔬菜，也尽量购买当地应季的蔬菜，这对于食材的安全性、营养素含量都更有保障。

这些年来蔬菜中营养素含量越来越低了。人们爱选购口味佳、个头大、颜色好的蔬菜，于是市场为迎合大众口味和喜好而忽略了蔬菜的营养价值。而农产品的栽培方式、运输储存等，也都对买到手的蔬菜的营养价值有一定的影响，所以需要食用更多绿色蔬菜来摄取足够营养。

4. 摄取优质的蛋白质

因为减肥而拒绝吃肉，这也是一个造成你营养不均衡、瘦不下来的原因。蛋白质作为三大营养素之一，在女性减肥中扮演着重要的角色。前面说过，淀粉吃进体内会分解成葡萄糖，而蛋白质则分解成氨基酸。

不吃精制糖和淀粉，我们的身体能自己制造糖。但人体必需的9种氨基酸，只能通过食物摄取。皮肤、毛发、肌肉、指甲、人体细胞……也包括激素，都是由蛋白质组成的。我们体内的细胞寿命短则两三天，长则一两年，所以我们必须得利用蛋白质，每天制造新的细胞。如果身体缺乏蛋白质，就会造成皮肤松弛、头发枯燥，而这些只是表面现象，还会影响你的肌肉，代谢力会变差，并且很难健康地瘦下去。

消化和吸收食物都需要消耗能量。当你吃了100千卡的蛋白质，只有70%被身体吸收了，另外那30%被消耗掉了；但当你摄取100千卡的精制糖，93%都将被人体快速吸收，而只有7%会被消耗掉；脂肪类食物则是88%被人体吸收，12%被消耗掉了。[16]

比较碳水化合物和脂肪，蛋白质是长分子聚合体，在体内的代谢时间长，消化费工夫，所以能长时间维持饱腹感，有助于控制饮食量。

对女性朋友来说，体重增加常常和水肿有关系。即使是轻度的水肿，体重都可能增加 5% 左右。女性生理性水肿有很多原因：吃盐多、喝水少、血液循环差、激素分泌失调等等。但其实饮食搭配也是一项常见的引起水肿的原因，吃太多碳水化合物便会导致水肿，而蛋白质则能"排水"，对抗浮肿。

不管减肥还是健康饮食，每一餐都要摄取优质的蛋白质。鱼、肉、蛋、豆、奶都含有丰富的蛋白质，但是基于调整激素分泌的原因，21 天瘦身修心食谱中，我去除了一些食物。白肉类，包括鱼、鸡、甲壳类海鲜等，以及豆类和鸡蛋，将会作为主要的蛋白质来源。

在 21 天的瘦身修心过程中，根据一般人的体重变化、活动量的多少等，我建议每天摄取 60 克 ~125 克的蛋白质，每餐摄入蛋白质的量不少于 20 克。当然，这些蛋白质不会都从肉类中摄取，豆类及其制品中也富含优质蛋白，同时要吃大量的蔬菜和喝大量的水。

每天应该吃多少蛋白质？

蛋白质约占体重的 20%，也就是说一个 60 千克的成年女性，大概会有 12 千克的体蛋白。这些体蛋白一天大约被分解 180 克，这 180 克中有 120 克会被再利用，而另外被消耗掉的 60 克则需要人们从饮食中摄取了。

最简单的公式：

体重（千克）×1=正常成年人每日应该摄取的蛋白质克数

蛋白质的摄取量和每个人的年龄、活动量、饮食习惯等都有关系。减肥期间要适当提高蛋白质的摄取量，把 1 的系数增加为1.2~1.5 都是可以的。[17]

但如果你的身体存在健康问题，减肥之前请咨询你的医生，不要伤害到身体。健康的成年人，按以上的剂量摄取蛋白质，对人体是没有危害的。

超高蛋白会加剧肾脏代谢负担。另外，痛风患者通常都会被要求吃低嘌呤、低蛋白质的食物，少吃豆类，导致大家都觉得高蛋白质会引发痛风。但痛风的根源是嘌呤，其次才是蛋白质。也有外国的科学家提出，果糖（以及蔗糖、砂糖）和某些其他因素更像是导致痛风的凶手，碳酸饮料里的磷酸也是引发痛风的因素之一。[18]

这里要再提醒一句：如果你有健康方面的问题，请务必咨询医师意见后再使用 21 天瘦身修心食谱。以上仅作为信息的分享，不做任何医疗建议。

表 2-1 为部分食物中的蛋白质含量表，[19] 如每食用 100 克左右的鸡胸肉、虾，即可轻松摄取 20 克的蛋白质。

表2-1　常见食材蛋白质含量表

序号	食物	重量（克）	蛋白质含量（克）
1	鸡蛋（白皮）	160	20
2	鸡胸肉	105	20
3	三文鱼	120	21
4	银鳕鱼	165	21
5	虾（对虾）	110	21
6	小扁豆（干）	80	20
7	黑豆（干）	58	21
8	开心果（熟）	25	5
9	扁桃仁（熟）	25	7

资料来源：《中国食物成分表（标准版）》

5. 定时一日三餐，不吃零食

每天定时三餐，按照书中的食谱你完全可以吃饱吃好；在每餐之间留出足够的时间，间隔 4~6 个小时，但需要注意的是：请戒掉零食。

如果你一天到晚嘴停不下来，总想吃零食，刚吃完正餐没多久就又想吃东西，这说明你的血糖不稳定，胰岛素也出现了阻抗，这就是你即使不饿也一直想吃东西的原因。戒掉零食，会帮助你平衡胰岛素分泌。

少吃多餐对于平衡胰岛素分泌并不一定有益处，虽然对于这种饮食方法，目前的研究仍然处在争论阶段，但很明显，这种不断让血糖波动并刺激胰岛素分泌的饮食方式，并不能让你减肥，还有可能产生反作用——让你更加管不住嘴。

两餐之间多喝柠檬水，这是个非常好的能帮助你抑制对甜食渴望的方法，我的冰箱里最多的水果就是柠檬了！柠檬有明显的抑制血糖的效果。

如果你还是无法抑制饥饿感，可以食用一小把扁桃仁，或者一小块可可含量 85% 以上的黑巧克力。但随后一定要审视自己的正餐是否吃得对且吃得够，通常当正餐摄取到足够的蛋白质，是不会出现这种情况的。

适当摄取营养补充品

当然，我们可以从天然食物中摄取到足够的营养，这是最好的情况。但如果你确实长期从天然食物中摄取不到足够的营养，身体里便会缺乏某些营养素，这是食物摄取不足或者饮食偏好所造成，这时可以适当补充一些营养品，帮助我们把身体调整到最佳状态。

相比于男性，女性的饮食受情绪的影响更加明显。在这里建议女性朋友根据个人情况，可以适当补充酪氨酸和 5-HTP(5- 羟基色氨酸)。这两种氨基酸，能够缓解压力，提升愉悦感，帮助我们降低对食物的欲望。也有研究表明，同时摄取含有这两种氨基酸的营养补充品效果更好。

通常医师会建议每天补充酪氨酸 500~1000 毫克，在早餐、晚餐前服用。市面上的酪氨酸产品，通常是 1 粒 500 毫克，每天服用 1~2 粒即可。

5-HTP 是血清素和褪黑素的前身，而当这两种激素在我们体内分泌不足时，我们会想吃甜食、淀粉，管不住嘴。在低碳水化合物饮食中，5-HTP 可以抑制食欲，改善睡眠，降低压力激素分泌。建议每天补充 5-HTP 的量为50~100 毫克，在早、晚餐前服用 1 粒即可。

网络读者留言精选

我是一个超级爱吃甜食的人，但自从按 21 天食谱饮食，2 个月竟然能忍住没吃一口，成功减掉 15 斤！体重也没有反弹，最近懒没怎么运动，但也在悄悄地变瘦，又瘦了 5 斤。

——丹熹黛

我从 62 千克减到 57 千克，感谢您的文章。少吃甜食，脸奇迹般一个痘都没了，感觉肠道都变轻松了。

——Cher

按食谱调整饮食已经坚持了 18 天，现在瘦了 7 斤啦，目前体重 103 斤。这几天恢复正常饮食，又瘦了 1 斤，也是很神奇，哈哈。经过这段时间的减肥，很明显感觉自己对甜食的欲望降低了。以前超级爱吃面包的我，现在看到面包都没食欲了。感谢遇见你。

——Echo

减肥突破瓶颈期，从 120 斤到 114 斤真不容易。不过有了珞姐的食谱和健康饮食的理念，让我慢慢戒掉了甜食，最近皮肤也变好了！看姐姐的抖音和公众号是我的乐趣之一，能感受到阳光般的正能量。

——花

我没有很严格控制饮食，所以瘦得不多，但慢慢改变了暴饮暴食的坏习惯。从断糖控糖，到健康饮食，科学运动，我收获的不仅是别人羡慕的好身材，还有自律的人生，值得一提的是这个好习惯让我的皮肤也变得更好了！

——CC

我属于体重基数不是很大的，按照您的方法，一个半月减了9斤。家人明显看出我身体的改变，时间久了我感觉自己没有那么想吃各种不健康的食物了，好像已经习惯了这种饮食方式，刚开始减肥时我馋得要命。方法很实用，我已经把它推荐给好几个朋友啦！

——王莹莹

瘦身，重启人生

法则2：断水果，平衡瘦体素分泌

瘦体素和胰岛素是一对亲密的"姐妹"，她们会一起捣乱，让你管不住嘴。

请戒掉果汁、水果以及含果糖的加工食品，你可能想不到果糖才是最危险的糖类。

作为一名女性我有亲身体会，并且在辅导读者减肥的过程中，我发现女性最大的障碍是过量饮食的问题。不仅体重超标的女性普遍存在这个问题，体重正常但体脂率偏高的女性（比如我），也很容易管不住嘴，总是感觉饿，无法停止进食。

在相当长的一段时间里，我总会懊恼自己是因为"意志力不够"，所以才控制不了食欲。直到我逐渐了解是激素在"掌控"饮食行为，才明白管不住嘴背后的真相。我亲爱的女性朋友们，请不要再因为多吃了些东西而自责，甚至吃完东西后再催吐了。我们需要健康的方法，让身体恢复平衡，也让心灵不再被内疚一次次折磨。

你是否有以下的问题？

1. 总是感觉饿，并且有很强的食欲。

2. 每天傍晚时分最难熬，总是控制不住自己，开始大吃大喝。

3. 喜欢喝果汁，或者用水果来代替正餐。

4. 四肢纤细，但腰腹肥胖，甚至被朋友戏称"小腹婆"。

测量下空腹瘦体素：正常参考值4~6ng/ml，超过10ng/ml就算高了[20]。

血清甘油三酯的正常参考值：0.45 ~ 1.69mmol/L[21]。

瘦体素失衡让你管不住嘴

我个人非常喜欢瘦体素这个名字，毕竟减肥的人哪个不喜欢瘦啊。事实上，瘦体素是 1994 年才被人类发现的，由此可见，人们对激素的了解确实才刚刚开始呢。

瘦体素是由脂肪细胞产生的，它能向大脑报告人体内的脂肪水平。瘦体素对体脂的调节是双向的，如果瘦体素含量下降，就会向大脑传递信号让身体多吃食物补充脂肪；反之就会让人体有饱腹感而降低食欲，并且提升代谢的速度，消耗部分脂肪，让体内的脂肪贮存不要过量。所以，瘦体素可以说是天然的食欲抑制剂了，我想这便是它被命名为瘦体素的原因吧。

正常情况下，瘦体素是在脂肪细胞里，所以越胖的人，会分泌越多的瘦体素。大多数肥胖者瘦体素的含量比正常人要高，那为什么还会出现肥胖呢？这是因为人体在发胖过程中，由于不断刺激瘦体素大量分泌，会出现瘦体素阻抗，因而导致人食欲失控，越吃越多，总是陷在饥饿的状态里。而另一方面大脑还会减缓新陈代谢的速度，使人体内消耗的能量减少。所以，肥胖的人并不是身体里缺乏瘦体素，而是出现了瘦体素阻抗。[22]

大部分减肥失败案例，源于管不住嘴，从而吃进太多食物。很明显，这是瘦体素失衡了，出现了瘦体素阻抗。你并不是真的饥饿，只是大脑收不到瘦体素的信号，没有饱腹感。不要过于相信自己的意志力，它终究敌不过大脑的化学反应。

这种情况在女性中尤其明显，瘦体素阻抗是人们对甜食和淀粉上瘾、总有饥饿感、饮食过量的主要原因之一。

过量摄入果糖是引发瘦体素阻抗的重要原因

我们身体的化学反应错综复杂，不同的激素也在相互作用，而科学家们对

瘦身，重启人生

瘦体素的研究还处于初级阶段。但越来越多的研究表明，瘦体素阻抗和以下的生活、饮食习惯有很大关系。

1. 果糖摄取过多

耶鲁大学的研究发现，果糖和葡萄糖对大脑的刺激机制不同。当你吃进淀粉类食物，它们进入体内被分解成葡萄糖，葡萄糖会提升饱腹感，从而抑制食欲；而果糖却并不能提升饱腹感。比起葡萄糖，果糖更容易被我们过量摄入，从而增加发胖和生病的可能性。

而且果糖不像葡萄糖那样能够被人体所有的器官代谢掉，而是直接进入肝脏。如果你摄入了太多的果糖，当它们被肝脏转化为脂肪，送进血液成为甘油三酯，会囤积在肝脏和腹部，这便是部分女性四肢纤细而小腹突出的原因。

当血液中甘油三酯的含量过高，也会阻碍瘦体素信号的传递，让大脑不容易收到吃饱了的信号。根据 2016 年《中国成人血脂异常防治指南》的标准，甘油三酯的指标正常应低于 1.70mmol/L。

而当你经常摄取过量的果糖，总让瘦体素分泌急剧上升，久而久之它也会不负重荷而"罢工"。而当你的身体不再收到瘦体素传递的信号，便不会产生饱腹感，即使吃饱也还是会继续吃、吃、吃，这就产生了瘦体素阻抗。

2. 作息混乱，睡得晚睡得少

目前瘦体素在国内的研究论文并不多，但有一项实验表明瘦体素的分泌是有昼夜节律的，晚10点到凌晨3点是瘦体素分泌的高峰期。[23]如果连续睡得晚、睡得少，会明显测得瘦体素分泌水平下降，同时，胃饥饿素水平会上升，从而导致熬夜时人们很容易想吃烧烤、小龙虾等油腻食物。

对于女性朋友而言，保证每天总睡眠时间不少于 8 小时——包括你在午休时补的觉，对体重管理非常重要，保证重要的激素在晚上 10 点到凌晨 3 点之间正常进行分泌。当你总是处于疲惫状态下，相信我，你几乎不会再有力气去管理自己的饮食和运动计划。

另外，很多女性靠节食减肥，长期使瘦体素处于较低的水平，这样做可能会导致停经。

瘦体素和胰岛素一起"作恶"

如前文所说，激素之间在发生复杂的相互作用。瘦体素和胰岛素，是决定我们是否肥胖的两大关键激素，因为它们是导致你对食物上瘾的两个主要原因。

瘦体素分泌的量与胰岛素分泌的量也有一定的关系，胰岛素分泌越多时，瘦体素也会产生越多。反过来瘦体素对胰岛素的合成、分泌也起作用，当瘦体素分泌量下降时，又会直接引起胰岛素的量下降。这两大激素一起和我们"作对"，让已经吃饱、不缺乏热量的身体，还是不断地想吃，并付诸行动，摄取超标的热量，继续囤积脂肪。

不要以为只有水果里才有果糖

事实上，除了水果之外，蜂蜜、面包、饼干、蛋糕、冰激凌、可乐、奶茶等，75% 的加工食物都添加了果糖。

果糖的甜度是葡萄糖的两倍，比一般白糖甜 73%，是它让东西有甜味、味道可口，让我们欲罢不能，吃了还想再吃。

我们在不知不觉中，就摄取了过多的果糖。好在水果中有大量的纤维素，吃水果时，纤维素会减少果糖给人体带来的坏处。但如果你存在肥胖问题、体脂率过高、时常控制不住食欲，我建议你在 21 天里，戒掉水果。

现代的水果和它们的祖先比，更像一个披着健康外衣的糖球。在农业技术改良以前，水果是有季节性的，体积小，产量少，并且没那么甜。你可以问问家里的老人，以前能吃到什么水果，它们是什么味道的。

糖让人上瘾，人们喜欢甜度高、个头大、外观鲜艳漂亮的水果，在这种市场需求的引导下，现代化、产业化的种植，造就了现代的水果。一年365天，任何时间你都能吃到甜甜的水果。

而在以前，我们的祖先一年四季，只有秋季才能吃到多一些的水果，以此来储存脂肪为冬季做准备。

如今我们365天都在吃很甜的水果，这些水果会给你的身体和大脑传递一个信息——为冬天储存更多脂肪。

另一个问题是：现在的水果很多都是在没有完全成熟时就被采摘下来的，并且果农为了让水果看起来已经成熟，就用大量的环氧乙烷加工。然而这时的水果仍然含有较高的凝集素（一种有害的植物蛋白），食用它们更容易增长体重，还会影响人体健康。特别是产地偏远的水果，这个问题更为严重。[24]

果糖的危害不比酒精小

我们都知道过量饮酒会伤害身体，但却不警惕果糖的摄入量。肝脏对果糖的代谢，和对酒精的代谢非常相似。果糖和酒精，都会增加大量的内脏脂肪。现在体检时，患脂肪肝的人越来越多，除了食肉过多，过量地摄入果糖也是导致脂肪肝的重要原因。

就算你滴酒不沾，但如果一杯一杯地喝下所谓"健康的果汁"，或者各式各样的饮料，那么你要小心了，因为酒精会引发的疾病，果糖一样也会引发。

过去我们都会认为果汁比汽水更健康，但事实上，果汁比汽水更糟糕，因为它含有更多的果糖，而纤维素却被移除了。

在上一节中我们讲到了甜味剂，有热量的甜味剂全部含有果糖，比如说蜂蜜、枫糖浆、高果糖玉米糖浆、白糖、红糖等。

瘦体素平衡的5个原则

让瘦体素逐步恢复正常的最好做法就是少吃果糖，将果糖的摄入量每天控制在 20 克以下。最重要的是远离那些含有高果糖的加工食品，也不要再把水果当成健康食品而吃个不停，甚至减肥时不吃饭只吃水果。

当你知道糖的危害时，会自觉地对含糖制品产生警惕心理。但面对水果，很多人却不知不觉地摄入了过多的果糖。比如说你喝下一杯鲜榨的橙汁，以为这是健康生活，但没想到你其实已经摄入了 30 多克的果糖。

这并不是说永远都不吃水果，当你逐渐平衡好自身体内的瘦体素，可以适当在饮食中增加一些健康水果，在后文中，我将更具体地做出说明。而在 21 天的瘦身修心之旅中，以下的这 5 个原则，能帮助你逐步逃离饥饿的假象。

1. 戒水果

诚然，我们不能以偏概全，把水果的作用"一棍子打死"。每个人的身体情况也不一样，适量摄取某些品类的水果可能不影响减肥。但是，如果一段时间内戒掉水果，会让你减脂的效率更高，并且能够调整好失衡的瘦体素，何乐而不为呢？

我建议在这 21 天内彻底戒除水果而不是少量摄取水果，还有一个原因，是我们很容易陷入"认知偏误"，即我们总是高估了自己面对诱惑时的自制力，因为一旦我们吃到可口的水果就往往难以控制住自己，不知不觉就吃过了量。与其这样，不如干脆远离诱惑。

在这个原则中，柠檬和牛油果这两种水果除外。21 天中我建议你大量地喝柠檬水，它能够减少你吃甜食、淀粉的冲动，原理在于柠檬有抑制血糖和胰岛素分泌的功能。

那不吃水果会不会营养不均衡？答案是不会的，因为还有与水果营养相近的食物在等着你。

2. 每天摄入 500 克低果糖的蔬菜

健康饮食要多吃蔬菜，多吃水果，但很多女性只听到后半句——多吃水果，结果当然瘦不下来了。我曾经也是只爱水果不爱蔬菜，还经常自以为是地说："吃蔬菜吃得满脸菜色，水果才能补充足够的维 C 好嘛！"其实，在减肥过程中你更应该关注前半句：多吃蔬菜。

多吃蔬菜并不只是因为蔬菜的热量低，还因为蔬菜里含有丰富的纤维素。

这种并不被我们身体吸收的营养素，可是肥胖的解药。它能降低肝脏对果糖的吸收，减缓消化速度，增加饱腹感，还能增加肠道内的有益菌。

《中国食物成分表（标准版）》（第 6 版），建议人体每日的膳食纤维摄入量是 25 克，但实际上，现代人的膳食纤维摄取量普遍偏低。

另外，蔬菜中也含有丰富的维生素、矿物质，这些我们自身无法合成，但它们却是代谢必需的微量营养素。特别是深绿色蔬菜中的抗氧化物质，不仅能防止你发胖，还能减缓衰老。不过很多蔬菜中也含有果糖，为了控制摄取量，我们要选择低果糖的蔬菜种类。

3. 摄取好的油脂

一提到脂肪，大家很容易就联想到油腻、肥胖、不健康……脂肪的英文是 fat，也有肥胖臃肿的意思。

1997 年美国的第一份饮食指南，是由马克·莫顿撰写的，他是一位记者，并没有医学专业的背景。尽管有很大的争议，他还是采用了"饮食中的脂肪是造成心血管疾病的终极原因"的观点，主张人们限制脂肪的摄取量。

这个观点所造成的影响一直持续到现在。但越来越多的科学研究表明，饱和脂肪酸并不是引起动脉粥样硬化的主要原因，饱和脂肪酸也分好与不好。但低脂摄取这一观点给食品加工业带来了另一个重大变化：食品中被添加了大量精制的碳水化合物，反而导致现代人越来越胖……

尽管科学家们还存在很多争议，我们无须以身试险，但摄取适量的、健康的不饱和脂肪酸和饱和脂肪酸，能够帮助我们修复新陈代谢。

确实，1 克脂肪的热量约 9 千卡，而 1 克蛋白质和 1 克碳水化合物的热量只有 4 千卡，减肥的女性当然对摄取脂肪避之不及。但是，脂肪摄取不足也会出现问题。能量不足，人就会倦怠没精神，从而引起皮肤变差，代谢异常。所以减肥不能不吃油，但要注意摄取优质油脂。在这里，我的建议是食用油每天摄取 25 克 ~30 克 [25]，另外我们也会通过肉类、坚果等食物摄取一些优质脂肪。

三文鱼、银鳕鱼等深海鱼，坚果、牛油果，以及橄榄油和澳洲坚果油，均富含健康的不饱和脂肪酸，而椰子油、棕榈油，则含有健康的饱和脂肪酸。

4. 保证充足的睡眠

睡眠和肥胖之间的关系密不可分，充足的睡眠能促进激素的分泌。

尽量在晚上 11 点前睡觉。瘦体素、生长激素这些重要的激素都是在晚上 10 点到凌晨 3 点之间分泌的。刚睡着的前 3 个小时必须维持睡眠状态，不要中途醒来，因为前 3 个小时属于深度睡眠，激素会在深度睡眠时大量分泌。

1 天的总睡眠时间维持在 8 小时左右是比较理想的，但合适的睡眠时间因人而异，晚上睡不够 8 小时，也可以白天午休时补充一下睡眠。但并不是睡的时间越长就能瘦得越多。

5. 避免过度运动

过度运动反而可能让你肌肉损伤，代谢降低，并且这样通常也很难长时间坚持下去，过量运动后会补偿性地摄入更多食物。这便是人们常说的一句话：七分靠吃三分靠练。

有实验表明，运动中的男性和女性激素的分泌并不相同。在同样跑步的状态下，男性可能并没有明显变化，但女性却出现明显的饥饿激素上升，而瘦体素水平下降的情况。[26]

但这并不是女性朋友不运动的理由。运动的目的并不只是燃烧热量，我们身体会有能量平衡的机制，更多是提高身体代谢的能力，让我们保持健康、不生病。

在本书的第四章，我将具体推荐 21 天瘦身修心之旅中的运动方法。但倘若每天都花费时间、精力去健身房，或者去跑步，除非这是你的爱好，否则就效率、效益来说，真的没有必要。

营养补剂

可以适量补充欧米伽 3 鱼油，这能逆转瘦体素和胰岛素阻抗。而近年《新英格兰医学期刊》杂志上刊登了一篇哈佛大学的研究：吃新鲜的深海鱼或者摄入鱼油，可以降低患心脏病的风险，并且能够缓解人的焦虑和抑郁情绪。

美国、加拿大的一些资料上建议成年人每日可摄取欧米伽 3 鱼油 1500 毫克 ~3000 毫克，因为欧米伽 3 鱼油并不能在人的体内储存，所以需每天补充。而 2013 年版《中国居民膳食营养素参考摄入量》给出了一个宽泛的建议：每人每天应摄入 250 毫克 ~2000 毫克欧米伽 3 鱼油。事实上，我们很容易欧米伽 3 鱼油摄取不足——因为我们更习惯吃淡水鱼。

网络读者留言精选

去年体检只有 100 斤的我居然得了轻度脂肪肝，我百思不得其解，这个体重也会得脂肪肝？后来在网络上结识了宁姐，按照她说的戒掉了水果，今年复查肝功能，各项指标都正常了！

——篝

我在第一阶段减重 9.2 斤。已经不喜欢乱吃东西了，辣的、油腻的、甜的，统统不想吃了。要养成健康的生活方式，刚开始那段时间特别难熬，现在感觉这种生活太美好了，极简主义，我很快乐。瘦了 15 斤以后就没有继续按食谱吃了，但还是会注意，平时不吃主食，不吃高糖水果，不喝饮料，少量运动，体重还在往下掉。

——曼子

我自从孩子断奶后开始减肥，瘦了 25 斤，最明显的是腰围和胸围都小了一号。现在几乎不吃高糖水果、白米、白面，已经习惯了。

——海浪

21 天瘦了 16 斤。以前是吃了甜的想吃咸的，吃了咸的想吃辣的，陷入了死循环，不知不觉就吃多了。现在换成宁老师建议的简单的食品，每种食品都很好吃，也不会想多吃水果、面包等等。我控制住了自己对食物的欲望，现在这种感觉真好。

——大王

法则3：断红肉，平衡雌激素分泌

女性的雌激素是"美丽激素"，但雌激素一旦分泌过多就会引发肥胖和生病。

因此我们需要戒掉传统的谷饲红肉，注意选择个人护理用品，避免雌激素水平偏高。

作为一个曾经的"肉食动物"，我对"布鲁克林21天减肥食谱"刚开始是满意的。减肥还能吃牛排，这确实激励了我相当长一段时间，让我得以坚持。我经常建议跟我一起瘦身的朋友采购草饲牛肉，但她们并不太容易买到，因此常用谷饲的肉类代替。

但这也带来了一些问题，比如说腹胀、便秘等等，开始我以为只是豆类的问题。但当越来越多这样的情况出现——出现这种情况的以35岁以上的女性朋友居多，我仔细查看了她们发来的减脂餐的图片后，发现一个共同的现象，这些出现问题的女性朋友的餐盘里牛肉占了将近一半。

目前国内对于肉类对女性激素产生的影响的分析资料并不多，直到我读了哈佛大学女医师莎拉·加特弗莱德的《终结肥胖——哈佛医师的荷尔蒙重整饮食法》后，发现现代畜牧业的肉类产品，也是导致雌激素分泌过量的原因。

你是否有以下的情况出现？

1. 典型的梨形身材，脂肪堆积在臀部和大腿上。
2. 经常感觉腹胀。

为什么雌激素会分泌过多？

现在人们已知的激素有 70 多种，但有两种激素对女性尤为重要：一种叫雌激素，一种叫黄体素。虽然在人的一生中这两种激素各自只分泌一汤勺的量，但它们却密切影响着女性的美丽和健康。

雌激素是名副其实的"美丽激素"，因为有了它，我们才女人味十足，它使我们皮肤细嫩、头发亮丽，身材凹凸有致，并且它还会帮助我们稳定情绪。而黄体素可以称之为"妈妈激素"，它是帮助受精卵着床、使女性怀孕的激素。

这两种激素的效果听起来很棒，但是想要达到这样的效果，需要这一对"好闺密"维持平衡才行。一旦其中一种激素的量过高或者过低，都会导致身体出现问题。雌激素过多会让人发胖。女性在青春发育期一旦雌激素分泌过高，便很容易形成下半身肥胖的梨形身材。

黄体素可以起到降低、缓和雌激素的作用，但现代社会的饮食和生活环境，使得大部分女性的雌激素分泌处于活跃状态。到 37 岁左右的时候，人体内各种激素的分泌量都会稳定地下降，但雌激素仍然处于较高的水平，黄体素分泌的量也不足以降低它，两个"好闺密"水平不平衡了，便会让人产生烦躁、失眠等情况，并且还会囤积脂肪。

导致雌激素分泌过多的原因并不单纯是人体自身的问题，也受其他激素的影响，比如它会和胰岛素相互作用。雌激素存在于脂肪细胞中，当人体内的胰岛素分泌出现问题而产生多余脂肪时，也会导致分泌出更多的雌激素。这是个恶性循环，雌激素过多使人发胖，而当人发胖时囤积的脂肪又会带来更多的雌激素。

外界环境的污染，也是导致雌激素分泌失衡的原因之一，特别是对女性而言。比如说我们用的某些化妆品和洗发护发产品，里面的化学成分有可能含有一定的类雌激素。所以我建议尽量使用有机产品，在选购个人护理产品时，可以查看产品包装上的成分表，避免其中含有"邻苯二甲酸酯"类的化学物质。它是一种塑化剂，被普遍添加在个人护理产品中，但会严重扰乱我们的内分泌。

千万不要小看它，在 2017 年世界卫生组织国际癌症研究机构公布的致癌物清单中，邻苯二甲酸酯被列为 2B 类致癌物。[27] 在选购个人护理产品时不仅要注意其成分是否含邻苯二甲酸酯，也要避免使用含有苯甲酸甲酯的化妆品。简单来说，添加了这类物质的个人护理产品都会有明显香味。

其实皮肤和头皮并不需要那么多外来的化学物质进行护理，最重要的还是营养均衡，尤其是保证体内蛋白质和微量营养素的含量维持在一个健康的范围内，这才是护肤和护发的本质。而涂抹了一层又一层的化学物质，反而会影响我们体内的激素平衡。"断舍离"是解决很多问题的关键，你拥有的不是太少了，而是太多了。

女人不要大口吃肉

男人大口吃肉可能会影响健康，但女人大口吃肉，不但会影响健康，还会影响身材。出于对美的追求，我们使用各种护肤、护发用品，这些产品已经在一定程度上引发了体内雌激素含量过多的问题。而现在你能买到的大多数肉类，其实也隐藏了很多商家不会告诉你的会危害到健康的问题。

在这一点上，肉类产品和水果很相像。机械化、规模化的食品产业，遵循的逻辑是追求效率、效益。我们以为现在的食品更加丰富、营养，但实际上，各种各样的化学物质被我们买来吃下去，对身体未必好，而地球的环境和资源也被更多地消耗着。

相较于水果，在过去，肉类简直称得上是奢侈品。我记得小时候，只有在周末父亲才会去当地的农贸市场，购买新鲜的鸡肉、羊肉。而如今，我们几乎每天、每餐都吃肉。看似我们的生活水平改善了，但这真的是好事吗？

2015 年英国广播公司 BBC 有一部纪录片《肉的真相》(*The Truth about Meat*)，这部纪录片里说仅仅在过去 50 年间，中国人对肉的需求量增加了700 亿千克。而工业化饲养为了追求效益，一定是高密度的，在这样的情况下牲畜们并不能健康地长大。牛、猪、鸡通常都是用基因改造的玉米饲养，这使它们更容易生病，而当兽药、抗生素的使用增多，牲畜们的死亡率也有所提升。

国内外的研究均表明，当你摄入较多这些谷饲红肉时，可能会导致雌激素分泌过多。而确实，素食者的雌激素含量会比杂食者低 15%~20%。这是因为素食者的纤维素摄取量高，素食者会通过排便排泄出一部分雌激素。而蔬菜中的纤维素和微量元素，可以对抗肉类中的化学物质污染，但麻烦的是，我们现在吃下了太多的肉，而蔬菜的摄入量却远远不够。

"生酮饮食"是近年来流行的饮食减肥法，主要是建议人们食用肉类、蔬菜、坚果、水果等，强调的饮食搭配和原始人无异。即使很多人都依靠这种饮食法，迅速有效地减去了脂肪，但对于女性而言，因为红肉对雌激素的影响，这并非最佳选择。如前文所说，我在最初的"布鲁克林21天减肥食谱"中，已经亲身体验了这一点。

除了发胖，如果你有乳腺、卵巢、子宫方面的一些问题，就要更加警惕雌激素分泌过多的状况。

关于食用大豆及大豆制品的争议

食用大豆也是近年来争议很大的一个话题，这对营养学来说也很正常，毕竟营养学还是个新兴的学科。关于食用大豆，专家包括学者、医生众说纷纭，正方有正方的道理，反方也有反方的数据。

大豆含有丰富的植物雌激素——大豆异黄酮，可以作为雌激素替代品。喝一杯豆浆，很容易就摄入四五十毫克的异黄酮了。除了较多的雌激素含量，转基因的大豆也被批判会对人体内的激素造成一定的影响。

日本有研究表明，一天摄入30克大豆，3个月后甲状腺功能会失常。而瑞士健康部门则认为，摄取 100 毫克的大豆异黄酮，等于吃了一颗避孕药，而这不过是两杯豆浆的量。[28]

如果你出现雌激素分泌过剩的问题，身材上明显能看出下半身肥胖，并且甲状腺出现问题，可以尝试完全不吃大豆和大豆制品。如果你一切正常，可以选择食用有机的、非转基因的大豆。食用大豆而不是饮用豆浆，因为豆浆在加工过程中会损失掉大豆中含的纤维素，而它刚好是有助排出雌激素的有效成分。

雌激素分泌平衡的4个原则

通过移除饮食中传统红肉的部分，可以在一定程度上改善雌激素的水平。但不吃肉会出现体力下降的情况，女性因为容易流失铁质，也可能会出现贫血的问题。红肉是补铁较好的食物来源，人们从红肉中能吸收到的铁质远高于从植物中摄取的铁质。

在 21 天瘦身修心之旅中，我们先断掉红肉，适量食用鱼、虾、土鸡等白肉，并通过土鸡蛋、有机的小扁豆、黑豆摄取植物蛋白质。在 21 天之后，你可以尝试逐步在饮食中加一点草饲牛肉。如果你能在当地或周边的农庄，买到真正放养、草饲的禽畜肉，不要犹豫，多买些储存在冰柜里吧。

1. 戒红肉

戒掉一切红肉，包括牛肉、猪肉、羊肉等。不过鲑鱼也就是我们常说的三文鱼，虽然看起来色泽偏红，但其实它属于白肉。

尤其要注意的是那些加工食品，像午餐肉、香肠和各种卤制的肉类，这些饱含淀粉以及各种化学添加剂的产品，尽管它们是符合卫生标准的，但对你的体重和健康都毫无帮助。

2. 选择优质白肉

鱼类尤其是野生的深海鱼，比如鳕鱼、三文鱼、沙丁鱼、鲭鱼等，是21天瘦身修心之旅中较好的蛋白质来源，当然这需要我们花费多一些的钱。像带壳的海鲜，如虾、贝壳类等，也可以适量食用。如果能确保饲养方式科学、健康，土鸡、土鸡蛋也在食物清单里，但尽量不要食用鸡皮部分，以免摄入过多的脂肪。

白肉每天的摄取量建议在 100 克 ~200 克，这和每个人的年龄、体重、活动量有一定的关系。你可以根据你身体所需的蛋白质克数进行计算，同时你也可以通过自身的感受和身体变化，适当调整摄取的蛋白质的分量。

3. 确保每天摄取 30 克以上的纤维素

这是平衡雌激素的一个很重要的原则，纤维素会把雌激素排泄出体外，每天摄取 30 克 ~45 克的纤维素对于健康和体重都很有益。

如果你可以吃下更多的蔬菜和豆类，当然更好。比如说，每天食用大约 350 克菠菜、350 克西蓝花、150 克小扁豆，这些蔬菜和豆类可以带给你 30 克纤维素[29]。另外，像羽衣甘蓝、卷心菜、菠菜等，也都富含纤维素和微量元素。

事实上，纤维素又分为水溶性膳食纤维和非水溶性膳食纤维。前者能减慢食物的消化和吸收，但容易引起腹胀和排气；后者则是完全不被消化的，会加快食物通过肠道的速度，有通便的效果。豆类中含水溶性膳食纤维，这也是有些朋友不喜欢吃它的原因，在社交场合容易尴尬。而蔬菜、全麦食品、糙米中则含非水性膳食纤维。这两种纤维素人体都需要摄取，缺一不可。

在执行这项原则时，注意不要被包装上印着"含丰富膳食纤维"的产品蒙蔽了，比如说燕麦片，因为除了膳食纤维，这些加工食品中还含有植物油脂、糖、钠和其他添加剂。

4. 检查你的护肤品

虽然护肤品这一项并不属于饮食的部分，但护肤品的选择确实会对女性的健康造成比较大的影响。检查你的个人护理用品，如果它们含有以下的物质，建议可以更换其他品牌。即使不更换，也尽量不要在皮肤、头发上一层又一层地抹。

如果你的个人护理产品的成分表中有如下物质，那你就要小心了：

邻苯二甲酸二乙酯、邻苯二甲酸、邻苯二甲酸二异丁酯、邻苯二甲酸二异壬酯、双酚 S 等。

邻苯二甲酸酯是国际上重点监控的内分泌干扰激素[30]，我国也将 DMP、DBP 和 DOP 这 3 种邻苯二甲酸酯列入了重点污染物清单上。

营养补剂

如果能从食物中摄取到水溶性膳食纤维和非水溶性膳食纤维两种纤维素是最好的，但繁忙的现代生活，使得上班族确实较难三餐都吃到充足的新鲜蔬菜。如果无法满足人体每天 30 克以上的纤维素摄取量，可以通过膳食纤维胶囊、膳食纤维片来补充。但需要注意的是，它们只是作为日常的补充，而不是用这些营养补充品来代替正餐。另外，也要注意每次服用这些膳食纤维胶囊或膳食纤维片的量不要过多，过量服用会引起腹部不适，也会影响其他营养素的吸收。

镁能活化促进能量代谢的酶，它和人体中多种酶反应都有关系，并且镁有助于脂肪和糖类的代谢。国内的研究发现，镁可能有助于调节超重或肥胖者的血糖和胰岛素水平。身体缺乏镁元素，也会引起雌激素的代谢异常。坚果、海藻、糙米等食物中镁的含量较多，如果日常摄取镁元素的量不足，可适量食用这些食物来补充。

除了通过食物和营养品摄取镁，还可以通过皮肤来吸收。我习惯在泡澡时除了滴精油外，还会在浴缸中加入泻盐（即七水硫酸镁），这也有助于身体补充镁，平衡体内的雌激素。

另外，维生素 B 族也是现代精细化饮食中大部分人较为缺少的微量营养素，但其实它是促进人体内代谢的必需元素，且维生素 B 族属于水溶性维生素，需要每天补充。我建议女性朋友还可以适当多补充其中的维生素 B12，它能够提高脂肪、碳水化合物和蛋白质的代谢利用率。

网络读者留言精选

我每天带减脂餐到单位，同事也跟着吃同样的食谱。我自己一个月减掉 10 斤，儿子一个月减掉了 20 斤。因为我每周需要应酬，不然能减掉更多，好多同事已经被我的成效和食谱吸引了。

——深海的童话

虽然老公从没说过嫌我胖的话，但是我还是动了减肥的心。我现在很清楚地知道自己该吃什么，越来越喜欢食物本身的味道和口感，能控制住自己。自控的感觉很好，人也变得越来越漂亮。很感谢珞宁姐，让我在变瘦和变美的路上越来越专业，越来越了解自己。

——shirly 小燕子

在朋友的推荐下，我了解到这份 21 天食谱，这真的是非常靠谱的食谱了。不用饿肚子，不用撸铁，不到两个 21 天，我减重了20 斤，特别开心，在 20 岁的年纪遇到珞宁，跟着你一起变瘦变美不焦虑，谢谢你。

——三分之一年

我严格执行了食谱。看到之前超级喜欢的重口味食物也都能控制住，朋友聚会我都能端着白开水看着他们吃。虽然数据显示只瘦了 2.5 千克，但是感觉腰围小了很大一圈，肚子都鼓不起来了！还有我感觉吃食谱上的食物并没有使我觉得没力气、没精神，反而每天精力旺盛，可能是食谱上的食物少糖的原因，我最近都不打瞌睡了！

——王美迪

法则4：断谷物，平衡甲状腺激素分泌

你从小吃到大的主食，其实扰乱了胰岛素和甲状腺激素的分泌，它们还有引发肥胖和疾病的风险。

戒掉谷物，不仅能瘦身，也会减轻你对食物上瘾的程度，让你的注意力更集中，精力更充沛。

现代营养学的发展历史很短，我们对于身体的运作的了解还远远不够。比如说瘦体素，1994年才被科学家发现。原本以为瘦体素是肥胖者的天赐之药，美国政府和制药企业曾投入大把经费进行研究。但补充瘦体素真的可以达到瘦身的效果吗？

这只是个天真的想法，单靠瘦体素来解决肥胖问题的研究已经被推翻。其实瘦体素、胰岛素、甲状腺激素等激素之间有着错综复杂的合作关系。人体不是一部机器，而是一个复杂的自我适应系统，当某一部分出现问题时，并非简单清除有问题的部分就万事大吉了。

科学在不断进步，旧的常识被颠覆，新的认识推动我们越来越接近真相。但这个过程中有很多声音，也有很多争议。对于我们来说，不断了解新的知识，不断更新自己的认知体系，在确保安全的情况下亲身体验，也许会有意想不到的收获。

我在几年前读过美国戴维·珀尔玛特的《谷物大脑》，这本书引起了专家们不小的争议，在书中戴维·珀尔玛特列举了众多实验、数据来佐证他的观点，非常值得一读。但书读了如果不实践，便失去了意义，于是我把书中的一部分观点引入我和朋友们的饮食计划中，果然收获颇多。

其实大多数谷物不只会让人发胖，而且会造成人们对食物上瘾，也会直接

影响你的胰岛素、甲状腺激素等的分泌。谷物会在我们体内引起一些器官的发炎，虽然发炎是身体的一种自我保护，但长期持续地刺激身体，便会引发各种慢性疾病。

甲状腺激素是影响人体的新陈代谢速度至关重要的激素，如果新陈代谢缓慢，人会感到疲惫、抑郁，并且出现莫名的体重增加的情况。而很多饮食和生活习惯都会影响甲状腺激素的分泌，特别是麸质的摄入。关于甲状腺激素分泌的问题比较复杂，如果你遇到甲状腺激素分泌失调的情况，建议你去寻求医生的帮助。

你是否出现了以下的情况？

1. 消化系统紊乱，出现腹胀、腹泻、便秘等症状。

2. 对甜食、淀粉类食物上瘾，总是想吃这些食物。

3. 体重超重、肥胖，且很难瘦下来。

4. 经常觉得关节疼痛，有钙质缺乏、骨质疏松等症状。

5. 出现"脑雾"（长期疲劳、记忆力减退），经常觉得焦虑、抑郁，或者出现头痛、偏头痛等症状。

如果你的身体经常有发炎、过敏的情况，以及经常有注意力不集中，并且记忆力方面出现轻微问题的情况时，你可以通过血液检查，了解你对麸质的反应。

从小吃到大的东西，竟然会使我发胖又发炎？

20世纪70年代，美国的第一份膳食指南限制了脂肪的摄取量，美国人的饮食习惯开始改变，食品加工业也忙着研发新产品。

没了脂肪，想要让食物变得美味，就得提高碳水化合物的含量，尤其是精制糖类食物。美国人典型的早餐通常是烤制的面包、营养谷物食物，后者是由小麦或玉米、燕麦等谷物制成的速食产品。这种低脂高碳水化合物的饮食搭配，反而让人们更胖了。

而以米面为主的主食更是中国人的最爱。南方人吃大米，北方人吃面，我们的饮食基本上是主食加配菜。不管是大鱼大肉，还是萝卜青菜，都得搭配一碗米饭，或者一个馒头。而我们吃的主角终究是米、面，这也是它们被称为主食的原因。

而大部分人长胖，都与主食——谷物类食品摄入过多有很大关系。"吃五谷杂粮养生"，之前这个观念一直深入人心，但越来越多的科学研究发现，吃谷物不一定健康。

虽然健康领域对减肥期间是否该食用谷物一直有众多的争议，但已经有越来越多的人研究并亲身体验到了低碳水化合物饮食的好处，这种饮食在国内的演艺圈、互联网行业从业者中也变得流行。为什么这种饮食方法会先在互联网行业中兴起呢？我想应该是因为这个行业更能接受新事物，并且有更为广泛的资讯获取渠道吧。

谷物是如何影响激素分泌的?

什么是谷物?

在《谷物大脑》一书中,作者用了"现代的谷物"一词,指的是精制的白面粉、面食、大米,及被很多人认为健康的全麦食品、杂粮等。

戴维·珀尔玛特在书中建议人们戒掉含有麸质的谷物和淀粉,包括:小麦、大麦、黑麦、全麦,以及玉米、山药、土豆、红薯等。建议人们少量食用不含麸质的谷物,包括:大米(糙米、白米)、荞麦、小米、藜麦、燕麦、豆类。

我在本书中建议大家在这 21 天中戒除大部分的谷物,恢复饮食时逐步增加不含麸质的谷物,并且限量食用。

吃进去较大比例的谷物,相当于吃进去大量的碳水化合物,会刺激血糖迅速上升,导致胰腺分泌出大量的胰岛素,以便把糖运送到细胞中。但随着胰岛素水平不断增高,细胞对胰岛素传递出的信号越来越不敏感,又会刺激胰腺分泌更多的胰岛素。这样做的后果不仅会囤积更多的脂肪,而且会造成胰岛素阻抗,接下来可能会导致糖尿病。

而《谷物大脑》一书中提到，含有麸质的食物还会造成除发胖以外更多的麻烦。麸质是一种复合蛋白质，是由麦谷蛋白和麦胶组成的，它作为黏合物把谷物磨成的粉黏合在一起。大多数柔软、蓬松、有嚼劲的主食，都含有麸质，比如说早餐中的面包以及北方人爱吃的馒头。

但麸质也是引发很多人过敏的原因，在以往的认知里，麸质被认为会引起小肠的发炎。但现在却有种种研究表明，它会影响到身体的每一个器官，比如说皮肤、肠道、胃，甚至是大脑。即使你的肠胃没有出现任何症状，但麸质也可能会引起头痛、精神抑郁等问题。

麸质被消化分解后会令大脑产生一种内啡肽的化学物质，让人上瘾并感到愉悦。而一旦这种感受消失了，便会引发人们对食物上瘾，这就和一个有烟瘾的人想抽烟时的状态一样。这就是为什么和甜品一样，淀粉类的食物会让人越吃越想吃。如同在第一章中所写，我的一位好友减肥不敢吃肉，却对面包上了瘾，结果反而越来越胖。

麸质在现代饮食中使用非常普遍，比如蛋糕、面包等各种面食中都含有麸质。麸质是常见的添加剂，不仅添加在食物中，也添加在个人护理用品中。

除了麸质，谷物中还存在其他凝集素的问题，麸质只是上千种凝集素中的一种。凝集素是植物进化出来以对付想要吃掉它们的昆虫的。它也会不知不觉中增加你的体重，在你的体内制造炎症，引起肥胖和其他的健康问题。

甲状腺激素分泌平衡的3个原则

尽管谷物给肥胖以及其他健康问题都造成了不小的影响，但女性在限制碳水化合物的摄入时也要小心，这可能会引起甲状腺激素分泌出现问题，

瘦身，重启人生

并且会引发焦虑的情绪。所以，在"布鲁克林21天减肥食谱"的基础上，我做了一些调整。

豆类中也含有凝集素，但好消息是高压锅会破坏掉很多豆类中的凝集素，而且这种烹饪方式做出来的豆子有利于有益菌的生成[31]。豆类罐头也是方便可选用的食物之一，这能帮助我们补充复杂的碳水化合物所提供的营养，对于女性，可以偶尔在晚餐时增加薯类的摄入。

1. 戒除所有的谷物

是的，在这21天当中，你没有传统意义上的"主食"了，并且你尤其要避免摄入一切白色的碳水化合物，比如白米、白面……这些都是引起血糖和胰岛素飙升的"凶手"。

不含麸质的藜麦、小米、糙米、燕麦等也不在21天的食谱中，恢复正常饮食时，你可以根据个人情况逐渐加入一些。

2. 找谷物的替代品

我非常理解刚开始戒除主食或淀粉类食物时，想吃饼干、蛋糕的那种心情。有一些替代品可以帮助你度过这个时期。

可以用杏仁粉、椰子粉在家里烤制杏仁、椰子饼干等代替。如果有耐心，烤羽衣甘蓝脆片也是不错的消遣零食。烤海苔、脱水蔬菜干是比较容易买到的，但要注意钠的含量，过多的钠会让你出现水肿。

3. 适量加入碳水化合物

每天500克的高纤蔬菜，是慢速碳水化合物的优选；小扁豆不仅能够补充蛋白质和能量，还有神奇的"扁豆效应"，它能够抑制血糖和胰岛素的飙升，这是20世纪80年代就已在美国被发现的。[32]

如果你日常的运动量或活动量比较大，那么你可以在晚餐中或者运动后，加入适量的红薯。但要小心分量，每个人的情况不同，你要了解自己身体的实际需求。我的经验是，当活动量不大时，摄入根茎类的植物也会造成体重居高不下。

营养补剂

维生素 D 其实不是维生素，它是脂溶性类固醇激素。我们之前只是了解它对于骨骼的作用，但实验已经表明维生素 D 能够保护神经元免受自由基损坏，并且帮助你减轻身体上的炎症。

摄取冷水鱼、黑木耳，多晒太阳都可以补充维生素 D，你也可以通过服用补剂的方法获取，维生素 D 对于平衡甲状腺激素、胰岛素分泌都有一定作用。

如果你抑制不住想吃高碳水化合物的冲动，可以在吃之前服用一种碳水化合物阻断剂——主要提取自白芸豆。记得要提前 30~40 分钟服用，并且服用的同时喝下一大杯水，这会在一定程度上起到阻止糖类吸收、降血糖的作用。

网络读者留言精选

前几个月减肥时，吃大米饭、青菜、肉，还有饺子、包子、低糖水果比如苹果等。一碰甜点就忍不住吃好多……但用了姐姐的食谱后，甜点没有那么大的诱惑力了，不吃也没事儿，"作弊日"吃一点也不"涨秤"，真心高兴。

——Summer。

减肥中，你有多自律，就有多自由。关注珞宁的公众号很久了，也关注她的抖音，每天起床洗漱后第一件事就是看看。通过自己的努力 112 天瘦了 88 斤，中间有很多困难，也有很多心酸、难过，但自己都坚持下来了。我从 251 斤的大胖子变成现在的 163 斤，虽然还是偏胖但是已经很知足了。通过这段减肥经历我收获了很多，也提升了自己的自律能力，我会继续努力的。

——充满正能量的小太阳

您的方法蛮好的，我也加了一点自己的小心得。中午时间我会把豆子和粗粮一起煮，豆子多，就一点点饭，感觉这样吃身体比较有力气，还能控制住狂吃的欲望。我也不知道这样对不对，只是听从身体的反应，跟着自己的身体调节。

——米卡

我一共瘦了 7.5 斤。中间一直坚持少淀粉，不吃精制白面食物，每周 5 次运动，体重没反弹，至今保持不变。准备隔一个月再次启用这份食谱，昨天是按照食谱执行的第一天，今早起来发现自己瘦了 1.2 斤，很不可思议，作为学生党的我希望开学时让同学们刮目相看！

——嘟嘟驾到

法则5：断乳制品，平衡生长激素分泌

一些会产生很大的胰岛素反应的乳制品，会影响人体内的生长激素分泌，还易引起过敏、发炎。

戒掉乳制品，并不需要担心缺乏蛋白质和钙，但却会让你的减脂效率大大提高。

当我们以为食品越来越丰富时，其实是陷入了饮食的困境之中。想想看，为什么现在肥胖的人越来越多？为什么患糖尿病、高血脂这类"富贵病"的人也越来越多？不仅病从口入，其实胖也是从口入，我们以为吃得精了，却并不是吃得好了。

在很多人的日常饮食中，有一些所谓的"健康食品"，其实这些食品被人们广泛食用的原因主要是食品产业链的推广。法国作家蒂埃里·苏卡的《牛奶：谎言与内幕》（ *Milk Lies and Dope* ），2015 年就在国内出版了。作者通过 5 年的调查，向读者展示了法国乳制品产业背后的真相，其主要揭露了牛奶是如何成为现代饮食中必不可少的一部分的。这并非让你从此远离牛奶，而是要让你看到另一个视角，保持清醒的消费态度，远离文明带来的肥胖和疾病。

牛奶补钙、美白、有营养，这是大多数人听到"牛奶"这个词时，心里浮现的印象吧，尤其是女性朋友，更把脱脂牛奶、无糖酸奶当成减肥食物。但事实上呢，了解了乳制品对身体的影响后，你会发现：也许这些正是你瘦不下来的原因。

当然，如果你限制自己的热量摄取，只靠晚上喝酸奶，也是会瘦下来的，但这样的减肥无法长期坚持，对你的健康也没有好处。

乳制品对激素分泌的影响

瘦身这件事其实与你食用的乳制品的热量无关，甚至和乳制品里是否含糖、是否脱脂关系也不大，主要是因为它会影响胰岛素和生长激素的分泌，而这两种激素都影响着我们的发胖情况。

牛奶的升糖指数和升糖负荷都不高，包括全脂牛奶，但问题是所有的乳制品都有很高的胰岛素指数。关于这些，瑞典隆德大学曾做过相关研究，研究表明乳制品的胰岛素指数都在 90 以上，这个指数和面包没什么差别了，会直接加速胰岛素在体内的反应。[33]

号称"肥胖激素"的胰岛素飙升，会让人越来越胖，除了囤积脂肪，还会导致人食欲大增、吃个不停。当胰岛素总是处于高分泌水平，会产生胰岛素阻抗，还会影响瘦体素的分泌，从而形成一连串的不良反应。

现代畜牧业中，为了提高牛奶的产量，会给奶牛注射牛生长激素，这会让牛奶中的 IGF-1（类胰岛素一号增长因子）含量增高，这种增长因子和胰岛素产生的作用很相似。

我们自身体内也会合成 IGF-1，这是一种生命不可缺少的物质。但激素的分泌量过高或过低都会产生副作用，只有让激素保持平衡才是最佳状态。小时候我们需要适量的 IGF-1 和其他生长激素，但成年后如果 IGF-1 的浓度还是较高，它就会刺激细胞失控地生长，反而会加速细胞老化，增加患疾病的风险。

奶牛注射了这种激素后会长胖，我们喝了含这种合成的生长激素的牛奶，也会导致体内的 IGF-1 升高。尤其对于体脂率超标的人而言，体内的 IGF-1 升高绝对不是什么好消息。脱脂牛奶更容易引发这些问题，因为牛奶在脱脂的过程中激素含量会增加，胰岛素反应会更大。

如果你喜欢食用乳制品又爱长痘痘，这两者之间很可能是有关联的。痤疮和激素分泌的不均衡有很大的关系，乳制品中的 IGF-1 会导致你体内的激素分泌发生变化。尝试戒除乳制品，不需太长时间，你就会看到自己身体上的变化。

奶牛一年 300 多天都在被挤奶，它们几乎一直都处于妊娠和泌乳的状态中，这也是牛奶中含有大量雌激素的原因。哈佛医学院的甘马（Ganmaa）博士创立的组织自 2004 年以来一直在蒙古开展营养学研究，她曾在演讲中表示："在人体接触雌激素的各种途径中，我们最关注的就是含有大量雌激素的牛奶，如今人类摄取的雌激素有 60%~80% 来自乳制品。"而摄入含雌激素过多的食品对女性所造成的影响，包括增加肥胖和患疾病的风险。

女性更容易因为食用乳制品而发炎

乳制品是最容易导致发炎的食品之一，牛奶也是最常见的过敏食品之一。当你容易皮肤过敏、长痘、起疹子、鼻塞流鼻涕，容易腹胀、腹泻或者便秘，都有可能和经常喝乳制品有一定的关系。发炎是身体启动防御系统来保护我们的一种方式，但如果长期使身体处于这种状态下，我们的健康就会受影响了。尽管还未有明确的科学解释，但日常生活中，你会发现我们女性比男性更容易发炎。

越来越多的朋友会了解一种症状叫作乳糖不耐受。当你食用了乳制品，而体内没有足够的酶消化乳糖，就会出现肚子咕咕叫、腹胀、腹泻等情况。通俗点儿说，有些人一喝牛奶就会拉肚子。

但除了乳糖不耐受，也有些人会对乳制品过敏，这便是另一回事了，其实对乳制品过敏是由于人体免疫系统对 A1β - 酪蛋白过敏。大概在 2000 年前，欧洲的奶牛发生了基因突变，奶牛乳汁中的蛋白质从正常的 A2β - 酪蛋白转变为 A1β - 酪蛋白，而 A1β - 酪蛋白正是让你发炎的主要原因。A1β - 酪蛋白被消化转化后，会附着在分泌胰岛素的细胞上，我们身体的免疫系统会误认为它是有害物质，而释放出过敏抗体，造成一些发炎的症状。[34]

你可能会说，我们不是从小喝母乳的吗？但母乳中是不含 α - 酪蛋白的，至于牛奶，原本也不是为人类准备的，我们在成年之后是否还需要摄取乳制品呢？虽然关于这一话题目前并没有定论，但已经有越来越多的专家对此提出了质疑。

也有些乳制品所含的是 A2β - 酪蛋白而不是使人过敏的 A1β - 酪蛋白，而普通消费者目前还无法准确分辨出这二者，所以，我还是建议，在这 21 天内戒除乳制品，远离这些影响体内胰岛素、生长激素分泌的食物，以达到重新平衡激素的目的。

那么不喝牛奶如何补钙呢？其实牛奶含钙量并没有我们想象中的那么丰富。100毫升牛奶含钙量约120毫克，而100克黑芝麻含钙量是780毫克，海带的含钙量则近乎牛奶的3倍……更别说一些蔬菜的含钙量都超过了牛奶，像芥菜、油菜、苋菜等。

每100克牛奶与每100克其他食物的含钙量（毫克）[35][36]

纯牛奶 121   脱脂牛奶 104

黑芝麻 780   白芝麻 620   海带 348   紫菜 264

干木耳 247   原味杏仁 248   小扁豆 137   鹰嘴豆 150

小油菜 153   苋菜 187   红薯叶 180   芥菜 230

在人们普遍的观念里，通常认为欧美人身材高大是因为他们常喝牛奶，但很难说这不是一种商业策略。而今国外越来越多的实验研究提出了新的观点：喝牛奶并不能预防骨质疏松，饮用牛奶过量甚至反而会增加骨质疏松和骨折的概率。

另外，牛奶其实并没有美白的功效。它之所以呈现白色，是因为酪蛋白散射光线，并没有什么特殊的美白成分。而且当酪蛋白进入人体内，也会先被消化分解成氨基酸，再重新组合成人体所需的蛋白质，因此喝牛奶和美白皮肤之间并没有什么必然的关联。

生长激素分泌平衡的5个原则

很多女性都爱喝牛奶，我也一样，曾经早一杯晚一杯地饮用，牛奶入口的那种顺滑又美味的感觉妙极了。而确实，牛奶能够促进血清素上升，增加褪黑素的分泌，有助于睡眠。但是，考虑到它对体重所造成的影响，以及会让皮肤多油而长痘，我还是建议少喝牛奶，而喝牛奶的那些益处，我们可以通过其他方法获得。

这并不意味着我们从此就不食用乳制品了，但在这21天中戒除它们，有利于激素的平衡，你会觉察到自己身体的变化。而在之后恢复饮食的过程中，我会告诉你如何评估是否要重新加入乳制品。

1. 戒除乳制品

在这21天中戒除乳制品，包括牛奶、酸奶、奶油、奶酪、奶粉等，不管它们的成分是低脂的、脱脂的，还是无糖的。在这里特别提醒下，奶酪即我们平时所说的芝士，它出现在大火的网红食品——芝士蛋糕、芝士奶盖茶中，这些又香又软、深受女孩子们喜欢的美食，在这21天里你都要和它们说"拜拜"！

另外，奶油也是从牛奶里分离出来的，它的主要成分是脂肪。黄油同样来自牛奶，成分是80%的脂肪和少量水，比一般的奶油脂肪含量更高，呈现固体的形状。含这两种成分的食品，在这21天里，也要戒除掉。

但来自草饲奶牛的无水奶油、无盐黄油，是可以出现在餐单中的，它们的成分中不含酪蛋白。如果你的饮食习惯中比较少吃到含奶油、奶酪、黄油这些成分的食物，便不用花太多心思去避开它们。但牛奶和酸奶，在这21天内暂时戒掉吧。

当然，仍有些乳制品不会造成以上的不良影响，比如说羊奶，以及个别奶牛的品种会产出含 A2β - 酪蛋白的牛奶。不过我认为并不值得花费太多心思去寻找它们。离开乳制品并没有那么难，其实减肥也是在做饮食上的"断舍离"，是一个将食物化繁为简的过程。

2. 寻找早餐中牛奶的替代品

虽然在这 21 天里我们不喝牛奶，但可以找到更好的饮品替代，我们可以改喝植物奶，在这里我尤其推荐对身材、皮肤都有益的杏仁奶。这里说的杏仁奶，其实是由扁桃仁制成的。它含有丰富的维生素 B2，可以促进代谢，并且它的成分里还含有钙和镁，这两种矿物质的平衡，有助于缓解压力。

购买现成的杏仁奶，一定要看它的成分表里是否含糖。杏仁奶在家自制也很方便，本书第五章中会有具体的方法。我也时常会把牛油果和杏仁奶一起做成奶昔，很美味。

椰子奶是另一个替代乳制品的选择，可以选择好莱坞明星推荐的产品，也可以选购其他更经济的椰子奶，本书第五章中会有推荐。

3. 摄入优质蛋白质和大量蔬菜

蛋白质是我们身体无法合成而必须补充的，不管你用任何一种饮食方法减肥，都需要补充足够的优质蛋白质，但补充蛋白质并不一定通过乳制品，大量高纤维的蔬菜更是你的好朋友——注意，是吃新鲜的蔬菜而不是喝蔬菜汁哦。我们的胃容量有限，吃了这些就吃不了那些。天然、真正优质的食物是不会让你发胖的。在这 21 天的时间里，我们更应关注如何养成良好的饮食习惯。

4. 轻断食

间歇性断食并不一定是减肥的最佳方法，但它对身体的帮助也很多，不过它对身体健康状况、情绪稳定的要求也较高。当然，相关研究还在进行中，科学界需要对此进行更多探索，也包括对女性的差异化影响。

21天瘦身修心之旅中并不包括轻断食，但当你重新认识了食物和自己身体的关系，也能够较好管理情绪时，可以进入轻断食的计划中。IGF-1在体内过多或过少都不好，而据相关资料如《轻断食：正在横扫全球的瘦身革命》，在目前的饮食环境中，能自然降低IGF-1的方法就是断食。

5. 肌肉锻炼

如果我们血液中DHEA（脱氢表雄甾酮）不足，表现出来的明显特征就是身体衰老、发胖，因为其作用之一就是维持肌肉强度，它也是制造睾丸素的原材料。睾丸素是男性激素，对女性身体机能也起着重要的作用。

肌肉锻炼可以促进DHEA的分泌。生长激素除了主要在睡眠中分泌以外，在肌肉训练后也会分泌。不过女性朋友不要担心会练成"金刚芭比"，这基本上是不可能的，男女体内促进肌肉生成的激素分泌有近10倍的差异。[37]适度的肌肉锻炼，对于打造不易胖体质的熟龄女性更重要。

营养补剂

除了钙剂补充，还可以适量补充维生素D，能够促进肠道对钙的吸收和利用。维生素D在皮肤被吸收中的转化率很高，晒太阳是很好的补钙方式，但另一个显而易见的副作用就是会使皮肤老化，而当我们使用防晒霜时又会阻挡紫外线合成维生素D，真是鱼和熊掌不可兼得。想要保持骨骼的健康，只补钙但缺少维生素D也是不行的，从口服钙片到让钙沉积在骨骼上，整个代谢环节都需要维生素D的参加。

网络读者留言精选

我第一个月实施三餐不吃米面的低碳饮食，戒牛奶，前面几天会感觉没有力气，有个过渡期。第二个月的月经推迟了一个星期。现在实施到第三个月，加入运动已经减了 10 斤，现在头脑变得灵活清晰，中午也不需要睡觉了。最近还发现自己不会很想吃东西了，吃一点点就饱了，决定这样一直做下去。

——Tina

我因为工作经常出差，虽然没办法完全按照 21 天食谱执行，但是一个多月依然减了六七斤。戒掉了最爱喝的奶茶，豆子、蔬菜成了必不可少的食物。我习惯看珞宁公众号的推文，不管是饮食方面还是人际法则方面都很喜欢。感恩遇到你。

——玲子

我生完宝宝后体重一直在 120 斤左右，这 3 个月一共减了 19 斤，从 126.4 斤到 107.4 斤，体重和三围都减到了结婚前。以前是天天运动加控制饮食。自从在微博看到 21 天食谱后，开始戒牛奶和水果。家里囤了一堆小扁豆，冰箱里再也少不了柠檬、番茄、小黄瓜，运动也降到每周 3~4 次，食物趋向单一。虽然没有完全按照食谱来，但已养成回家做饭的习惯，在外吃饭也尽量挑适合自己的吃。

——Weiwei

法则6：断咖啡因和酒精，平衡皮质醇分泌

"压力肥"不是调侃，皮质醇让你想吃高糖高脂的食物，并且加快脂肪的囤积。

只有戒掉咖啡因和酒精，让皮质醇分泌恢复到平衡的状态，才能解决情绪性饮食问题。

来自学业、家庭、社会越来越多的压力，无时无刻不出现在人们身上。我发现自己和身边的朋友，大多数都在用食物来应对压力，甜品、重口味的火锅、烧烤，还有每天提神醒脑的咖啡和其他功能性饮料。

关于减肥期间的人是否该饮用咖啡又是一个饱受争议的话题。咖啡确实在某些方面有利于减肥，但也很容易让人上瘾。当我们长期处于压力下，咖啡中的咖啡因，成了拯救现代人快速见效的安慰剂。现在流行的网红奶茶、被称为"快乐肥宅水"的可乐，都是高糖、高咖啡因的产品。

相比于男性，女性更容易感受到压力，因此巧克力蛋糕和咖啡，成了最容易得到、暂时帮助我们分散注意力的工具，但它们并不能帮助我们解决实际的问题，反而会制造出更多的问题。

高糖、高脂、高盐、咖啡因……回过头来审视这些曾经对我们起安慰作用的食物，如果不做出改变，它们便会让我们永远陷入"感到压力—用吃来缓解压力—发胖"三者的恶性循环中。

设计"布鲁克林21天减肥食谱"时，我在早餐中加入了黑咖啡。虽然它确实对减肥有辅助作用，特别是对刚刚开始饮用的朋友，但随后我发现了过度依赖咖啡所带来的问题。

咖啡当然有它的价值，从口感到功能，我不建议的是过度依赖咖啡。如果

你已经出现了下文中所描述的情况，最好的选择是在 21 天瘦身修心之旅中戒掉咖啡因。

你是否有以下情况出现？

1. 有失眠、嗜睡、醒来依然疲惫等睡眠方面的困扰。

2. 离不开茶、咖啡、功能性饮料或其他含有咖啡因的饮料。

3. 经常情绪波动，感到焦虑、易怒。

4. 压力大的时候会暴饮暴食，或者偏好口味重的食品。

5. 经前综合征明显，出现情绪烦躁易怒、食欲亢进、乳房胀痛、身体水肿、体重增加等情况。

"压力肥"可不是调侃

现代科学研究表明，压力会让我们发胖。

先来认识下皮质醇，这是一种肾上腺分泌的激素，俗称"压力激素"。它在我们应对日常生活中的压力时扮演着重要角色。科学家们常举出人在森林里遇到狮子的例子，皮质醇唤起我们身体的反应，逃跑或者搏斗。现在你在城市里遇见狮子的可能性几乎为零，但你一定会遇到限期完成工作、被主管训斥、挤地铁时要时刻提防扒手等情况，各种加诸于身体的压力，都需要皮质醇来疏解。缺了它会致命，但如果皮质醇长时间分泌过多，就会让人肥胖、生病。

压力导致的肥胖有两种模式：一是人因压力过量饮食，二是压力引发身体储存脂肪。[38] 当你感觉到压力时，皮质醇会快速分泌并涌入血液中，让血压升高、血糖不稳定。更麻烦的是，皮质醇会导致你特别想吃高糖、高脂的食物，比如蛋糕、冰激凌、薯片等，并且在心理上和生理上引发你对食物上瘾。

我们的大脑会有一个"奖励机制"，这是你每天早上醒来、快乐生活的理由，但也是你对食物上瘾的原因。大脑会分泌让人感觉愉悦、安全的化学物质，叫作"快乐激素"，比如说我们比较熟悉的多巴胺、内啡肽等。通常情况下，它们分泌的水平很低，只有当你完成了预设目标，作为奖励，大脑才会增加"快乐激素"的分泌，让人感受到愉悦。

当吃下高糖、高脂的食物时，你感到开心，而这种"奖励机制"持续下去，就需要更多的"安慰食物"，结果就会造成体重持续增加。

正常情况下，当压力消除，皮质醇会停止进一步地分泌。但当我们长期处于压力下无法适应时，就会造成皮质醇紊乱，持续长时间分泌。而皮质醇上升时，胰岛素也会跟着上升，这就会让吃进去的能量变成了脂肪——压力也是造成胰岛素阻抗的原因之一。

咖啡因带来的恶性循环

皮质醇是让你产生"压力肥"的主要激素，而咖啡因则会继续加速皮质醇的分泌。在一项研究中，咖啡因的摄入会使血液中皮质醇和肾上腺素等压力激素水平翻倍。咖啡、汽水、茶、奶茶等食物中都含有一定剂量的咖啡因。

成年人的世界都不容易，问题是我们用什么来应对压力。很多人习惯早上喝一杯咖啡来唤醒自己。午餐后如果不喝一杯咖啡简直没办法坚持下午的工作。

事实上，我也曾对咖啡上瘾，用这种简单方便、又没有什么热量的饮品来补充能量、拯救疲惫的自己。

长期的压力除了让我吃下过多高糖高脂的食物外，也影响了我的睡眠质量，只能靠兴奋剂——咖啡来提神。但咖啡反过来又会打乱我的生物钟，让我神经敏感、焦虑易怒、睡眠不足，接下来又会回到依赖咖啡因的恶性循环中。简单来说，如果依赖咖啡、茶来提神，就会让自己陷入一个怪圈。

由于压力大，导致皮质醇上升；

由于管不住嘴，又吃下很多高糖高脂的食物；

造成血糖和胰岛素水平急剧升高，感觉疲劳乏力、困意十足；

进而依靠喝咖啡、茶来提神；

而从咖啡中摄取到的咖啡因，又会导致皮质醇继续上升，再回到管不住嘴的状态；

……

前文反复提及，女性对食物上瘾的问题比男性更加严重，这和女性对压力的感受有关。不管是国际还是国内的一些调查，都从数据上表明女性对压力的感受会高于男性，尤其是有工作的母亲，感到压力的比例会更大。而中国女性的就业率稳居世界第一，我们面对的压力和挑战，慢慢就累积成了肚腩上的"游泳圈"。

我自己的亲身经验，以及大量的案例表明，女性会因为压力而导致情绪性饮食，这也是造成女性发胖、减肥一次次失败的主要原因。女性会对咖啡因上瘾——是的，和糖一样，都是让我们上瘾、发胖的凶手。

诚然，咖啡因是世界上最广泛使用的"精神活性物质"之一，你会看到很多关于它观点不一的讯息。我也曾经建议我的读者们可以适量饮用黑咖啡，它不仅能利尿消水肿，还可以加快胃部排空，加速脂肪的分解，提高减肥的效率——黑咖啡确实具有这些功能。

2015 年欧洲食品安全局建议，成年人每天咖啡因摄入量的安全范围应在 400 毫克以内，并且每次摄入量不应超过 200 毫克，但是孕妇除外。[39] 一杯中杯（约 354 毫升）的美式咖啡中，大概含有 170 毫克的咖啡因。

很难简单地评判，1 杯咖啡对你的体重到底会起到怎样的作用，这和年龄、压力环境、解压方式，以及身体的代谢能力都有关。随着年龄渐长，皮质醇的分泌会增多，而我们肝脏的代谢能力会下降。咖啡因还会引发熟龄女性更年期症状，包括焦虑、失眠、潮热、心悸和情绪波动等。[40]对于熟龄女性而言，在这 21 天中戒除咖啡因，是平衡皮质醇的最佳选择。

我依然喜欢咖啡，也偶尔会用咖啡自制各种饮料，或是在某个午后和朋友们闲聊时喝上一杯咖啡。但现在的我，已经不依赖用咖啡解决疲惫的问题，而是把它当成享受生活，以及和朋友共处美妙时光的一部分。

皮质醇分泌平衡的5个原则

这几乎是最难坚持的了。我戒咖啡的第一周，在生理上和心理上都感觉糟糕透了。那种疲劳、易怒、抑郁、失眠的情况，甚至比喝咖啡时还严重。当我打破了大脑的"奖励机制"，不再用咖啡因去满足它，快乐激素也就少了，因此产生这种感受是自然的。

还好，这种戒断的症状并没有持续太长时间，在第二周我已感到轻松愉悦很多。在舒缓压力、平衡皮质醇分泌的过程中，只靠戒掉咖啡因是不够的，我之所以能较快地摆脱咖啡因的控制，运动和冥想给了我正向的力量。

女性本来天性敏感，而咖啡因让我们面对压力时的反应更加敏感。但这并不是件好事情，我们需要让自己平静下来，控制情绪而不是被情绪控制。

1. 戒掉含咖啡因的食物

在这 21 天里戒掉所有含咖啡因的食物，比如咖啡、茶、奶茶、汽水、功能性饮料等等。如果你不想只喝白开水，那么可以选择柠檬水和花草茶（如添加姜、薄荷、甘草等的茶，这些茶不含有咖啡因成分），对你都是有好处的，它们都有帮助你抑制吃甜食的欲望的作用。

花草茶是比较温和的，你可以用一个茶包反复冲泡，这样可以避免一天都喝较浓的茶。当然，它们对于抑制食欲，效果也是有限的。如果柠檬水和花草茶对于减重并没有起到作用，可以留意下我在书中推荐的营养补充品。

黑巧克力（建议选择可可含量超过 80% 的黑巧克力，如果口味可以接受，则可可含量越高越好）仍然在我的餐单中，但每天限量 25 克。它含有丰富的儿茶素，对正处于减肥期间的女性有一定的帮助，当你感到焦虑不安时，一块小小的黑巧克力可以在心理和身体上都为你补充一定的能量。但食用黑巧克力时要小心分量，每 25 克纯黑巧克力中含有大概 8 毫克的咖啡因。

2. 戒掉酒精

和咖啡一样，酒精是另一项帮助女人们逃脱压力的工具。"太辛苦的一天，必须喝杯红酒，这让我能睡得好一点"，一杯红酒，也曾是我晚上的标配。

白天因为皮质醇和咖啡因的恶性循环，搞得自己疲惫不堪，红酒自然就成了镇静剂。但很不幸的是，酒精和咖啡因一样，会让皮质醇升高，只会让你的情况雪上加霜。

BBC 的纪录片《酒的真相》（*The Truth about Alcohol*），曾经介绍了关于酒精和饮食关系的实验，酒精会促进食欲，让人越喝越多、越吃越多，造成恶性循环，给肝脏带来负担，使代谢减慢，从而囤积脂肪。而且，酒精饮料还会降低体内的睾丸素含量，使肌肉分解得更厉害。饮酒还会使雌激素含量升高，导致体内水分滞留、体脂率上升。

3. 睡前 1 小时远离蓝光

花上半小时好好吃晚餐，但睡前 4 小时内不要再进食了。睡前 1 小时请远离会散发蓝光的设备——电视、电脑、手机等电子设备，因为蓝光会抑制褪黑素的分泌，同时促进皮质醇、饥饿激素分泌。依靠人类自然形成的生物钟，昼长夜短的夏季会让我们吃下尽可能多的食物，为冬天做好准备。而持续的蓝光会让身体以为，我们一直处在夏季。

压力不仅让人过量饮食，还会减少睡眠。当我们睡眠不足时，瘦体素分泌量就会减少，皮质醇和饥饿激素的分泌量会增加，结果又会导致我们食欲大增，而且是想食用高糖高脂的食品。这就是我们不断陷入减肥、反弹、减肥、反弹的原因，如果不去解决激素分泌失衡的问题，减肥这件事永远都只会停留在恶性循环里。

4. 养成规律性的运动习惯

皮质醇分泌量增加是人体在面对压力时的本能反应，我们要做的是找到应对压力的方式。运动对于减肥，效率并不高，因为它会增加你的食欲，身体会维持它的能量收支平衡。少吃多动确实会瘦，但不容易长期坚持，而这种模式带来的营养不良、代谢力下降，会让身材迅速反弹、越减越肥。

运动时，皮质醇的分泌量会增加，因为身体需要将葡萄糖、脂肪酸转化为能量。但运动后，皮质醇的分泌量就会降低。皮质醇短期小剂量分泌，是正常的运转模式。

不要把减肥当成运动的目的，但运动能够提高胰岛素的敏感度，有助形成肌肉，提高人体的新陈代谢能力。但如果运动过度，每天去健身房、坚持跑步，对于大部分人来说，即使不考虑可行性，对减肥、健康也不一定是好事。

在这里我建议你可以增加平时的活动量，多站立、走动，这要比平时窝在沙发里，一到周末活动一两次，要好得多。

5. 每天 10 分钟的简易冥想

冥想听起来很高深，但其实它是一种灵活的、简单易行的身心调整方法，对身心都有益处。长期坚持练习，可帮助我们清除大脑里的垃圾，专注而温柔地安抚躁动的心。从科学角度看，冥想能减少压力激素的分泌，增加血清素的水平——血清素是一种快乐激素。

不管是出于减肥考虑，还是出于个人成长考虑，冥想都对你很有帮助。从现实意义上说，它就像是一种镇静剂，并且非常安全有效，能够帮助你消除对食物的渴望。当然，这种练习不是一天两天就能做好的，但相信我，只要你坚持下去，每天拿出 10 分钟，在这 21 天里你就能感受到改变。接下来的一章中，我将具体地和你分享简易冥想法。

营养补剂

我推荐无咖啡因的绿茶萃取物 EGCG 作为补充的身体营养品。绿茶中含有丰富的酚类物质——茶单宁，有降低血糖、减少脂肪的作用。国外有研究实验表明，绿茶萃取物有一定的促进代谢的作用，有助于训练耐力、减少脂肪。

但每天喝绿茶可能会摄入过多的咖啡因。想要摄取 800 毫克的 EGCG，相当于要完全摄入 11 克干重的绿茶茶叶，或者喝下 1100 克绿茶茶汤——直接干嚼生吞干茶叶，或喝头道茶的茶汤。

服用无咖啡因的绿茶萃取物 EGCG 胶囊是更加理想的选择。每天一粒，每次 350~400 毫克的 EGCG 摄入，可以帮助我们提高代谢，但又不会带来咖啡因的困扰。

网络读者留言精选

我之前试过好多种减肥方法，节食、断食、低碳循环等等都尝试过。每次的结局就是坚持20来天能瘦10斤，然后就开始"暴食"，结果两天就反弹回去了。但这一次减肥我很充实，心情也很美丽，不像之前节食心情暴躁。每次自己做饭摆盘，我觉得特别有意义，就像珞宁说的生活得有仪式感。支持她并追随。

——晨晨滴女神

我现在已经瘦了8斤，虽然还是胖，但是真的感觉自己走路都比以前快了，而且能控制住自己的食欲，不再被食物控制了！我准备再开始第二轮21天瘦身修心之旅，谢谢珞宁！

——默默

每天就等着你的文章和抖音视频推送。自从开始用科学的方法管理体重，和一个美丽大姐姐分享自己的心路历程，觉得收获很多，方法真的很受用；谢谢你。虽然我刚毕业内心充满迷茫，在陌生的城市自己独自打拼，但遇到了志同道合的人，内心逐渐充实起来，变瘦变美不焦虑，我们一起加油！爱你。

——猪仔

从开始时关注你在抖音上分享的一些人生感悟，到后面和你一起坚持执行 21 天食谱，后来又追到你的微博、微信公众号，你的每一篇推文我都会看。之前因为减重并不明显而心情焦虑，后来得到你的指导，改掉了一些小习惯，恢复了正常的心境。特别感谢遇到你，让我可以变得越来越好。

——Candy

一辈子过不发胖的生活

在和读者们一起减肥的过程中，我发现，凡是抱着"减肥成功，就可以像从前一样随心所欲地吃了"心态的朋友，都会反弹"复胖"——在短时间内瘦下来，又在短时间内胖回去。任何不能长期坚持的体重管理方法，都毫无意义，比如节食、大量运动等。

不要把这21天当成什么速成减肥法训练，而是要把它看作一次和身体、心灵的对话。请充分展现你作为女性的细腻和敏感，尊重自己的身体，了解每一样食物和身体的协作反应。重新规划你的生活、饮食习惯，不再像以前那样看到什么都想吃，才是减肥成功的关键。

在这21天中，我们戒除了最容易引起发胖、发炎，干扰激素平衡的食物。你会和我一样，身心明显感到轻盈而有活力。但21天结束后怎么办？每个人的情况都有差异，接下来，我们需要找到最适合自己的饮食方式，长期过上不发胖的生活。

如果你在第一次执行 21 天瘦身修心法后身心感受良好，体重、体脂率均有下降，但希望能够取得更好的成果，那么，你可以继续开始下一轮的 21 天瘦身修心法，直到达到满意的结果为止。但要注意的是，体脂率的下降会随着时间而逐渐变慢，每个人都会经历平台期，关于这点在本书的第四章第 5 节有详细的讲解和应对建议。

有些人会在 21 天结束后休息一周左右的时间，然后继续开始新的 21 天，这会帮助女性避开每月一次的生理期。也有些人会把 21 天延长为 30 天或者更长时间，中间并不间断。从我个人的经验来讲，这并无定律，主要根据个人的状况、需求来决定。

还有一种较好的做法，如果你不是严重的体重超标者，或者你已经减到理想的体重，那么每季度或者每半年进行一次 21 天瘦身修心之旅是轻松又有效的方案。这能帮助我们长期管理好自己的体重，发现问题时及时做出调整。如同法国女人管理身材的方法，允许体重在一定范围内上下浮动，但一旦超过限度就要加以控制。

重新回到正常饮食习惯的5个原则

如果你以前一直喜欢吃面包、牛奶、米饭等高碳水化合物或者容易引起发炎、过敏的食物，坚持 21 天瘦身修心法是很不容易的，值得为自己庆贺。

但千万要记得，不管结果多么令你满意，都不要再重新回到以前的饮食方式中去。

否则会令你在之前的 21 天里所付出的努力付诸东流，开始平衡的激素很快又被打乱，再次回到之前发胖、对食物上瘾的状态里。养成一个好习惯并不容易，但打破它却很轻松。有一部曾经获奖的美国纪录片《超码的我》（*Super Size Me*），呈现的是一位本来身体相当健康的导演，他亲身实验连续 30 天吃麦当劳。结果仅仅 18 天他就从之前的健康饮食习惯转变为对速食食品上瘾，30 天后他的体脂率从 11% 上升到 18%。

当然，这不是说你以前吃的食物都不能再吃了，而是当你重新回到正常饮食生活中时，需要遵循以下的原则和步骤——毕竟，减肥后保持好身材才是最重要的。找出让你发胖、过敏的食物，以后避免食用这些食物，享受健康饮食，可谓一劳永逸。

1.3 天食物评估法

在结束 21 天瘦身修心之旅后，你可以在每天的膳食中逐步加入你想再吃的食物。每次选择一种食物，在一天中连续三餐食用，其他仍旧是按照食谱进行。接下来 3 天不再吃它，留意这 3 天身体对这种食物的反应，并且记录下来，包括体重、血糖（如果你可以测量的话）、胃口、消化（是否有胃胀、腹泻或其他情况出现）、情绪、大脑反应等等情况（这些都可以在本书附赠的手册中记录）。相信我，记笔记是减肥成功、长久坚持中极为重要的一环。

食物在身体内的化学反应，有些会立即发生，但有些可能会延迟，这就是为什么我们需要观察 3 天，而且每次只在食谱以外增加一种你平时喜爱吃的食物。测试完这种食物，你可以根据这 3 天自己的身体状态，来决定是否应该把它重新加回到自己的餐单中，然后可以挑选下一种食物，参考上面的方法继续进行为期 3 天的测试。这里要提醒的是，每个 3 天的测试，都只能在食谱以外增加一种食物。

并非结束 21 天后立刻恢复以往的饮食习惯，而是运用 3 天一周期的观察评估法，逐步找回一些你想吃的食物，但是也要抛弃那些令你身心都不舒适的食物。我曾经尝试加回牛奶，但很快发现这令我腹胀、打嗝，而杏仁奶却完全不会出现这些问题，所以至今我的早餐中都是扁桃仁奶而非牛奶。

2. 特别渴望的食物往往是你应该远离的

有很多人，当然也包括我，在 21 天瘦身修心之旅结束后，第一个想加入的都是自己最想念的食物，可能是面包、水果或者包子、面条。但你最渴望的食物，往往也是最容易让你上瘾、影响你体内的激素平衡进而减慢你身体的新陈代谢的食物。

所以即使 21 天瘦身修心之旅结束，我仍建议你远离精制的米、面、糖和各种加工食品，这对于体重管理和健康都是有益的。你可以认真回想，这些食物真的让你的身体感觉良好吗？它们是否会导致你不自觉地上瘾，让身体变得沉重，精神也日益沉闷起来？减肥并不是我们的主要目的，打破不健康的习惯才是。

所以，你更要特别小心谨慎地挑选重新加入饮食清单中的食物。当然，频次和分量也很重要，每天都吃和每周少量吃，是完全不同的概念。如果你有意志力能够控制，那么增加的食物不会造成太大的影响，但如果某些食物让你一旦开了头就停不下来，那么我建议你不要开始吃第一口。

3. 适量摄入天然的糖、淀粉类食物

水果和淀粉类食物可能是每个女性都爱吃的。但经过 21 天瘦身修心之旅后，大部分情况下，我对它们都不再狂热。但确实在压力、失眠等情况下，它

瘦身，重启人生

们依然对我有一定的诱惑力。

你可以把天然存在的糖类，比如水果，以及淀粉类食物重新加入你的饮食食谱中。但一定要注意分量和食用的时间，尤其是在活动量或运动量普遍都偏少的情况下。

我建议选择浆果和 GI 值低的水果。总之，对非常甜的水果你要当心。水果也尽量单独吃，每日不要超过 200 克。而淀粉类食物，如果你对于体重很在意，那么就让它们尽量少出现在你的餐盘里吧。另外要注意一些根茎类植物的摄取，比如说红薯、紫薯、芋头、山药，不要把这些当成蔬菜，它们其实是主食。

如果你平时会做较长时间的运动，那么可以在运动后补充一些淀粉类食物，或者把它们添加进晚餐的食谱里。我自己尝试后发现，一旦晚餐中多加了块红薯，虽看起来不大但重量已经接近 200 克，净碳水化合物含量接近 50 克。这种摄入量对于想减肥的人而言并没有好处。

至于那些精制的淀粉类食物，如面包、营养麦片等等，如上文所说，不仅让人发胖，也是不健康的食物。

4. 每周一天的享受日

这是在研究"布鲁克林 21 天减肥食谱"时，我和朋友们实践得出的宝贵经验。常规性自律、偶尔放纵，是长期坚持健康饮食、保持体重的秘籍。我现在仍会在每周六的时间，允许自己吃一块芝士蛋糕或者来几口香浓的猫山王榴莲，以及和朋友聚会时喝上几杯咖啡或红酒。

每周有一天时间，或者根据自身情况过一段时间给自己放一天假，在这一天里不必忌讳饮食清单，尽情享用想吃的食物。

生活中难免会有重要的时刻，生日、节日、聚会等庆祝的日子，通常也是和爱人、朋友、亲人享受美酒美食的场合。难道你要躲在一旁吃沙拉？即使你能不被环境干扰，也会少了很多乐趣。

当你自律得越久越会发现，即使面对满桌美食，你已经学会浅尝即止，任何食物都是刚开始的第一口滋味最好。品尝前两口就放下手中的筷子，是饮食中的智慧，既能吃到美味，又不会长胖。

而且，吃得少自然要吃得好，选择好的食物慢慢品味。减肥，其实就是饮食的断舍离。

5. 写下你的食物宣言

经过以上对身体和食物的重新评估，我相信你已经越来越有管理自己身体的智慧。无须成为营养学专家，你也可以通过觉察和感受，找出最适合自己的健康食物，而不再对不健康的食品过度上瘾。

我的 21 天瘦身修心法只是抛砖引玉，需要你自己不断实践，适时调整，才能找到最适合自己的方法，那样才会成就更好的你。

不要把你在这 21 天中的体验、经验只放在心里，你可以把它写下来，这将是你的"饮食宣言"。通过简单的文字，一条一条罗列出来，什么可以做，什么不可以做。在未来的日子里，那会成为你审视自己饮食行为的依据。当然，这个宣言需要你不断地修正。

3

第三章
成长篇：
总管不住嘴？可能是你内心缺爱

很多时候，肥胖不是身体问题，而是心理问题。这不仅是减肥，也是一次自我疗愈和成长之旅，让我们一起创造更美好的自己，智慧的女人终生不会胖。

管好你的心，比管住嘴更重要

你不是真的饿了

因为看电视无聊，所以我吃东西；

因为和老公生气，所以我吃东西；

因为在单位和同事闹矛盾，所以我吃东西；

因为把房间整理得很干净，所以我吃东西；

......

曾经有一位读者和我交流，她很理解也很赞同我的瘦身理念，她也会自己准备减脂餐。但减肥开始的几天她却总是出于各种原因，管不住自己的嘴，吃下过量且不健康的食物。她吃的时候感觉还好，但吃完之后无论是从身体上还是从心理上都感到很糟糕。

食物本应用于满足身体的需求，但却常常被用来满足我们的情绪需求。

这也是我曾经遇到、现在也会遇到的难题：情绪性饮食。情绪性饮食让你吃下带有过多热量的食物，或高糖、高脂、高淀粉的"安慰食物"，这是很多人减肥不成功的主要原因。

我也曾有过一段疲惫不堪的日子，那时候我感觉自己可以吃下任何东西。我经常深夜回家后在厨房里乱翻，或者直接点外卖。我安慰自己说，经历了这么难熬的一天，我值得吃点什么满足自己。我甚至会停不下来，直到感觉很撑。

我们很清楚，自己不是真的饿了，也并不需要这么多的食物，但就是控制不住地想吃。食物不再只是食物，而成了一种安慰、奖励，甚至是你感到孤独和痛苦时的朋友。

身体需要多少食物，到底由谁说了算？

这要从大脑的结构说起。人类的大脑在进化中分成了 3 个部分（见图 3-1）：爬行动物脑、哺乳脑（又叫情绪脑）、高级脑（又叫理性脑），分别处理不同的事情。身体需要多少食物，应该是爬行动物脑决定的。[1] 但这 3 个部分的运作很复杂，否则我们也不会在不饿的时候也想吃东西了。

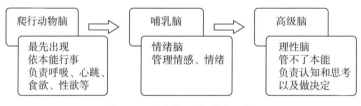

图3-1　人脑的3个部分分工图

由图 3-1 可知，人的食欲本应由"爬行动物脑"来控制的，但很多人吃什么、吃多少，却是由情绪脑和理性脑决定的。我们不管身体是否需要，出于高兴或者生气——这些情绪都会被情绪脑主导，继而带着情绪暴饮暴食。而理性脑有时也并不理性，它会压抑人身体的本能。当你悲伤和痛苦时，常常会茶饭不思。当食欲被情绪脑和理性脑控制，你就会陷入情绪性饮食的恶性循环里。

不过，人之所以为人，也是因为我们既有感性的一面也有理性的一面。我们当然应该珍惜自己的各种喜怒哀乐的情绪，以及思考的能力，但我们也要清楚，食物是身体需要的营养品，而不是情绪的安慰剂。

图3-2

为什么明明不饿你却还是想吃东西？

当我们没有意识到自己的情绪问题时，就不会意识到自己是用吃来应对情绪问题。很多人由于缺乏应对情绪的方法，于是吃东西就成了一个容易做出的选择。在生理上和心理上，吃东西都会让你感觉良好，虽然那只是暂时的。

1. 在第二章里我讲过食物和激素的相互影响。某些食物会增加某一类激素的分泌，让你感觉舒适、愉悦。而某一类激素分泌量的增加或减少，又会引发你对某类食物的渴望，形成循环。

2. 食物会暂时转移你的注意力。当你不知道如何去应对消极情绪时，吃东西会把你的注意力从那些让你烦恼的事情上分散开，而使你专注在食物上。

3. 在我们小的时候，食物就被当成了安抚的工具。我们摔倒或者碰伤时，会得到一块巧克力；我们考试的成绩好时，也有大餐作为奖励。这些奖励让心情很振奋，因此逐渐形成了一种条件反射，一直跟随着我们。

4. 除了从小父母给我们的饮食习惯带来的影响，我们还会通过其他渠道加强情绪性饮食的习惯。比如说当你感到焦虑时，朋友会建议你去吃顿火锅，因为"没有什么是一顿火锅解决不了的"。

为什么越来越多的人的饮食会受情绪影响？因为我们周围的食物实在太多了，任何时候你与食物之间的距离可能都不会超过几十米。家里的厨房、茶几上，办公桌抽屉里，楼下随处可见的便利店里，商场飘出诱人香味的面包店里……食物这种安慰剂便宜、容易得到，但它带来的后续问题是让人发胖和对它上瘾，暂时的愉悦后是更深的沮丧和愧疚。

不要用食物应对情绪问题

吃东西带给你的美好感觉只是暂时的。因为食物只是转移了你的注意力，而并没有解决任何实际的问题。吃完东西不久后你就会发现，那些让人郁闷的问题依然存在。除此以外，你还要面对因为情绪性饮食而日益发胖的身材。

吃适量的、天然的食物也许并不能让你感觉愉悦，而你认为可以作为给自己的犒赏的食物通常是高糖、高脂、高淀粉的。当你吃那些"犒赏品"感到很饱的时候，舒适就会变成不舒适，整个人会感觉无精打采。一旦你对食物上瘾了，则更会让你无法自拔。

饮食本身也会引发情绪问题，特别是暴饮暴食。这些情绪问题让你无法正常饮食，感到愧疚甚至羞耻。即使你吃东西时获得了情绪上的安慰，但很快你又会因为暴饮暴食陷入新一轮的情绪问题中去。

　　每个人都会有情绪的起伏，我们的生活中充满了压力和责任。每天我们都试着寻找很多方式来安抚自己，有些方法有用，而有些方法没有用。但食物不能解决问题，而且很可能会产生相反的效果，让情绪变得更坏。

　　在日常生活中，无论是孩子还是成年人，每个人都会在一定程度上用食物调整自己的情绪。比如有些女性朋友喜欢吃块巧克力来应对经前综合征，缓解烦躁易怒的情绪。这不是什么大事，但得小心，不要让它成为习惯。另外，其实你可以选择比食物更有效、更安全的方式来解决情绪问题。

减肥是女性的自我疗愈和成长

女性更容易用食物应对情绪问题

我曾一度为自己飙升的体重、体脂率焦虑不已，却没有真正意识到，我其实是在用食物应对情绪问题。未曾妥善处理的心灵创伤、没有及时修复的疲惫，让我这些年负重前行，一直在耗损着能量，没有温柔地探索、善待自己。

对甜食上瘾，对自己身材失望，又加剧了我的情绪问题。每一次减肥，都是从忍饥挨饿开始，以大吃大喝告终。我被大吃大喝后的愧疚感牢牢包围，责怪自己缺乏自制力，意志更加消沉。

相比于男性，女性对压力的反应更加敏感。而在饮食方面，女性更容易在多吃了一些东西后产生愧疚感。想想看，那些电视、杂志、网络上的美好女性形象，社会对女性身材的舆论导向，都在无形中引导我们更频繁地用一些不健康、无法长期坚持的方式减肥。

即使我在职场上摸爬滚打多年，自认为经受的磨炼不少，并且有不错的抗压性，但直到后来我才意识到，我也曾企图通过大吃大喝来解决那些压力和情绪问题。结果很明显，我在身材走样的同时，也被压力击垮，我不仅要减肥，还要寻找疗愈的方法。

在我的读者中，有不少熟龄女性，大家的压力来自不同地方，但无一例外都被压力包围着。家里的事、单位的事……我们有太多事要处理；在夫妻关系、子女关系、母女关系、婆媳关系等社会关系中，不知不觉积累了很多负面情绪。当我们没有意识到自己的情绪，或者找不到更好的途径解决时，食物就成了最便捷的解压方式。

减肥是内心的疗愈和自我的成长

不管用什么方法，男性通常比女性能比较快地呈现出减肥效果。这是因为女性的身体机制和思维方式和男性有着很大的不同。只有饮食、运动方法是不够的，没有情绪管理，女性减肥很容易失败，或者陷入短期减肥成功又很快反弹的溜溜球式减肥模式。

对于女性而言，减肥更像是一次内心的疗愈和自我成长之旅。我们必须意识到，比减肥更重要的是面对自己、接纳自己，从而改变自己。减肥过程中遇到的很多问题都是心理上的，倘若摆脱不了心理因素的影响，意志力就无法发挥作用。

脂肪不是一天吃出来的，身材也不是一天变糟糕的，对影响你健康和身材的生活习惯进行反省，在这个过程中，探索、觉察自己的意识和潜意识，才能找到让你发胖且不快乐的原因。

这个过程并不容易，甚至会让你感觉不舒服，因此往往也需要有人带领和指导。我深刻地理解到，只有能真正去了解自我，直面心灵上的创伤和缺憾，并且有意识地训练自己，才是长期过上不发胖生活的终极保障。

当你经历过你就会明白，找到正确的方法，有意识地学习情绪管理，你收获的不仅是变瘦变美，更是内心越来越坚定强大，充满力量。比管得住嘴更重要的是管住自己的心。好好爱自己，找到内心的缺口，接受它、满足它。我们做的一切都该围绕着我们的心。女性的感性力量，是桎梏，也是恩赐。

成熟女性的过度责任感和自我嫌弃

瘦身修心的意义，最大的收益在于修心。改变是最有力量的成长，外在的改变只是表面的，而经由瘦身修心的过程，我们可以切身体会到智慧的增长。一旦你找到属于自己的方法，并且经过时间打磨验证，便既能享受美味的食物，也可以保持美好的身材，而不是在和食物的冲突和困扰中焦虑不安。

很多人并不愿意对自己的情绪深入探索，常常不知道自己因为什么而产生了负面情绪。想要控制情绪性饮食，首先要搞清楚情绪由何而来，这也是要一步步学习的，你可以从和自己对话开始，一层层解剖自己的内心，找到你的情绪下隐藏着什么，之后再进行疏导。

简单说一说我的体会。一直以来要强、好胜的我，认为自己很坚强，不愿意看到自己内心的缺失，以至于压抑了很多自己的情感和需求。我从小学到大学都是学生干部，工作后很快一步步升职，从小培养的责任感，让我在工作中很快就做出了成绩。

我慢慢才悟到，正是过度的责任感，让我在工作和生活中过多地承担责任，太照顾别人而忽略了自己。我由于缺乏自我接纳，渴望得到别人的认可而过度付出，但自己却不愿意承认自己就是讨好型的人格。在我的内心压抑了很多委屈和不满，这些情绪不时会出来"捣乱"，我以前的解决方法就是大吃大喝一顿来安慰自己。

在成熟的女性当中，过度的责任感随处可见。特别是在中国，女性在家庭和事业上承担了太多的责任。那些家庭事业双丰收的女性的励志故事，我们其实只是看到了事情的表面而已。事实上生活与工作哪里有什么平衡，更多的是取舍。

当我意识到自己背负了过多的责任感，看清了自己的内心——我曾那样地不认可自己，疗愈的路越走越轻松。

智慧的女人不会胖

如果长期处在负面情绪下，你不仅会发胖，身体也会出问题。情绪总是失控，人就会活得很痛苦，只能以食解忧。但情绪管理不是忍耐，不是归咎于他人，而是向内寻找原因，让自己不被情绪"勒索"。

情绪管理不是教你如何忍耐。我也曾经用过忍耐的方式处理情绪问题，但我逐渐发现即使你能忍上几次，这些负面情绪总有一天会大爆发，那时反而会导致局面失控，别人无法理解为什么一件小事就能让你如此动怒。要知道但凡是被抑制的欲望，一旦爆发，力量会更加骇人。

如果不对自己的情绪探究根源，不对自己情绪失控进行反思，也很容易将自己的负面情绪归咎于他人。而你越是如此，越容易与人发生冲突。而冲突越多，情绪越不好控制。

要想懂得如何疗愈自己的心，需要有意识地长期地练习。不要期望每一次自己都能做得很好，但只要付出时间和努力，你终将成为一个有智慧的女人。

别再一味讨好别人而不顾及自己的感受；别再为了取悦别人而委屈自己；坦然面对自己的缺点；对自己的人生负责；别再对自己失望，要全然接纳自我。有时对某些事不要过于在意，反而会有好的结果。

在 21 天瘦身修心的过程中，我找到了自己安定的心，我变得宽容、轻松，不再那么追求完美、爱挑剔，性格更温和了，但内心却更坚定了。

瘦身修心是一辈子的事

减肥并不是给自己设定一个想要达到的体重的目标，完成目标后就停止，然后又回到以前的生活状态。而是在体重减轻后，把减肥的成果保持下去。想让瘦身后的身体适应当下的生活状态，至少需要 3 个月的时间。

对于女性而言，体重管理和情绪管理是一辈子的事情。在这 21 天里瘦了多少斤并不是成功，长期保持减肥后的成果才是真正的成功。当你明白了这一点，也就不会再为体重短期的波动而感到焦虑，不会再用节食和过度运动逼自己减肥。

这是学习的过程。时代变化了，不再像以前那样车马慢。世界在变，我们也要变。唯有让自己不断学习、不断迭代，才能活出自己的价值和幸福感。人生没有捷径可走，每个人都要面对自己的问题，去思考和解决它，一步步找到最适合自己的那条路。

这也是自我疗愈和成长的过程。不管多大年纪，我们都可以继续成长，不是为了他人，而是为了自己内心的安定和喜悦。即使年过四十，我依然对成长有着强烈的渴望，我希望自己能变得更美丽、更智慧且更坚强。

幸好，我们在一起，变瘦变美不焦虑，一路上你不会孤单。

7 个瘦身不焦虑的练习

每个女人都有一颗玻璃心

身为女人，我们总是容易想太多，容易受伤。当我们越是在意，越是比较，就越会觉得心慌意乱。这造成的结果就是我们不是做了错误的判断，就是做了不应该做的事。只有当我们学会察觉和接纳自己的情绪，不过度在意他人的言行，才能为自己找到出口。

我也一样，这些年在情绪起伏中学习着接纳和改变。接纳不可以改变的，改变可以改变的。不焦虑是可以练习的，通过有意识地练习，摆脱负面情绪的束缚，缓解压力，找回从前的舒心自在。

"鸡汤"煲了很多，但只有"鸡汤"是不可能从根本上帮你解决情绪问题的。你需要一些练习，并且要把这些练习逐步变成生活中的习惯，甚至是一种仪式。对内与自己和解，对外不再当老好人，懂得疗愈自己的心。这并不容易，但如果不开始，我们可能会永远陷在坏情绪和减肥失败的恶性循环中。

以下的 7 个练习，也是我在成长岁月中，逐步学习和体会到的。不需要花费你太多的精力和时间，你在日常生活中随处可做。只要有意识地做，勤加练习，你会越来越熟练地管理自己的情绪，不管是在减肥过程中，还是在日常生活里。

如果你经常自知或不自知地用饮食解决情绪问题，那么这 7 个练习更加值得你关注。但不要期望自己每一次都能做得很完美。这需要时间和耐心，需要持之以恒地坚持，但只要开始了，你就会发现自己身上的改变。

练习1：5句自我接纳的"定心咒"

自我挑剔让你在减肥中过度焦虑，不接纳自己真正的情绪，而越压抑越会导致你情绪性饮食。本练习将介绍 5 句"定心咒"，你不用费心思考，只要在心里默念即可，它会帮助你接纳自己的身材，接纳自己的情绪。

练习2：4个步骤助你了解"我真的饿了吗？"

有时你以为自己饿了，并不是真的饿了。耐心一些，有意识地分辨自己是否在情绪性饮食，通过 4 步一步步厘清自己真正的需求。你的心不需要食物，需要的是爱和接纳。

练习3：每天5分钟，试着学会放手

我们对待饮食的态度，反映了我们对待人生的态度。但不论是饮食还是人

生，我们都需要试着学会"放下"，最简单的练习是呼吸训练，请在你没有压力的时候提前练习。

练习4： 用五感去体会吃饭的愉悦

当我们吃得越满足，对食物的渴望就越低。试着慢慢吃饭，调动我们的感官去体会食物，在每一口中，找回饮食中的愉悦和满足，在成功减肥的同时，提高生活幸福感。

练习5： 3个小动作睡出好心态

每一个焦头烂额的现代女性都普遍存在睡眠问题。没有高质量的睡眠，就无法消除身心的疲劳，使自己永远陷入情绪性饮食的循环里。这个小练习将通过5个指标来告诉你如何衡量自己的睡眠质量，还会教你3个小动作，建立你的"入睡仪式"。

练习6： 10分钟简易正念冥想法

如何把想吃东西的念头从大脑中清除？答案是你可以练习正念冥想——停止脑海中对食物的渴望，关注当下的环境，关注当下的身体，同时改善心理与生理状态。摆脱"人在心不在"的状态，学会好好爱自己。

练习7：打造每天属于你的仪式

仪式不是习惯，它有深刻的个人意义，加持了相信的力量。一些不起眼的小动作也许就能改变你的人生，这些小小的仪式越简单越好，试着坚持21天。

练习1：5句自我接纳的"定心咒"

为什么你在减肥中那么焦虑？

你越关注自己的身体，就可能会感觉越糟糕。尤其是当全世界都以健身的名义，不断强化那些普通人永远达不到的所谓标准身材时，人们对自己的身材不满意就成了普遍现象。有时我们总是觉得自己小腿有点壮、大腿太粗了、胸部要是能再大一点就好了……

随手翻开一本杂志，那些时尚界和广告商推崇的理想身材，多是医学标准上的过瘦。再看看那些讲瘦身的公众号文章，聚集的也并不是我们这些普通人，而是健身达人，可我们总觉得人家好像那么轻松就练出了马甲线、蜜桃臀……

那些对自己身体不切实际的期望，不知不觉间就根植在我们的大脑中，使我们过度地挑剔自己的身材，不断地给自己施加压力，我们普遍得了"身材焦虑症"。

但事实上，有些事情不是你努力就能做到的。每个人的身体都有自己的基因特点，盲目期待某一种改变是不现实的。比如说胖或瘦，我们身体的脂肪细胞数量当我们还在幼儿期就基本确定了。之后我们体内的脂肪细胞数量不会有什么变化，我们能改变的只是脂肪细胞的体积。[2]

我们的身材很大程度上取决于基因，局部减肥只是传说。脂肪细胞是随血液全身流动的，所以不可能"定位"某一部位去减肥。你能做的，最多是通过健身局部塑形，增加某一位置的肌肉的线条感，让那个部位看起来更紧实些。

当然，这样说并不是让你放弃减肥，通过后天的努力我们依然能让自己的身材有一定程度的改变，但我希望你可以理解到：接纳自己的身材，放弃不切实际的幻想，是"瘦身不焦虑"的第一步。

无法接纳自己的情绪是导致情绪性饮食的关键

由于不接纳自己的身材，并对自己的身材抱着不切实际的幻想，导致很多女性用不健康的方式减肥，为了追求速成，采取节食、吃减肥药等各种方法。结果不是减不下来，就是短暂减肥成功后又很快反弹，使自己重新陷入不断自责和愧疚中。

而当我们无法接纳自己的情绪，又会导致情绪性饮食，让体重问题更加严重。在日常生活中，你会不会经常克制和压抑自己的情绪和感受？当你出现某些负面的情绪和感受时，你的理智是否会跳出来说"这是不对的""这是不应该的"，而企图消灭它们？

这些负面情绪被深深压抑了，但并没有消失，而是会通过别的途径发泄出来，譬如暴饮暴食、失眠等等。你以为自己所要面对的是肥胖问题，其实可能是心理问题，但情绪的积压常常是无意识的。

当你一边嫌弃自己的身材，另一边却总是管不住嘴地大吃大喝，比起寻找减肥的方法，更重要的是先学会自我接纳，接纳自己的身材，接纳自己的情绪。

先要生活好才谈减肥

接纳自己的身材，并不是说你要马上喜欢上自己现在的状态，但起码别厌恶它，尊重自己的身体。我说的接纳，不等于满足现状，也不意味着你要自暴自弃不再减肥，而是要你试着让自己放松，听从身体的需求，过上身心舒适的生活。

对于大部分人而言，并不是减肥成功才能过上好生活，而是先要学会好好生活，毕竟生活才是第一位的。把减肥当成次要目标，这样才可能减肥成功，过上不发胖的生活。

在减肥过程中，很多女性喜欢天天称体重，甚至一天称上好几次，体重降低了就开心，上升了就焦虑不已。越是盯着体重秤的人，越不容易放过自己，她们总是对现状感到焦虑与不满。如果你也是这样，那么首先停止称体重吧，别再为体重秤上的数字焦虑。

同样会让你厌恶自己身体的，是紧身衫和紧身裤以及不合身的衣服。内衣店店员经常推荐我们买一些聚拢型的胸罩；为了赶潮流，我们也会买所谓明星同款，比如一条又紧又短的裙子，但即使是不胖的人，穿着那些衣服也不会觉得舒服。

这些衣服会时刻提醒着你："你还不够瘦，你需要减肥。"让自己舒适是第一原则，要为当下的身材选择合适的衣服。勉强穿下一条小一码的裤子，这样做对减肥没有好处，只会增加你的焦虑感。

接纳自己的情绪，内心安静下来才会瘦

这看似和减肥没有什么关系，其实却非常重要。减肥先减压，需要提高自我控制的能力，只有当我们心情平静，没有很多压力时，意志力和自控力才能得到提高。假如你长期处在压力下和不稳定的情绪中，意志力匮乏，便很容易出现暴饮暴食的情况。

每个人都知道，开心时会笑，难过时会哭，累了就该好好休息，但我们经常因为各种原因而压抑自己的情绪，忽略自己的感受。譬如说，当我们被家人伤害的时候，我们总是习惯于不表达自己的愤怒，即使难过也拼命压抑着……

感受不应该用对或错来评判，接纳它们，允许自己表达喜、怒、哀、乐，内心才会得到平静。面对内心的感受，不要为难自己。学会和自己和解，接受自己的正面情绪，也要坦然面对自己的负面情绪。

当我们学会自我接纳时，我们的身心都会得到疗愈，能坦然面对自己的缺点，也不再苛求别人。在这样的状态下，不管是减肥还是工作，抑或是生活中的其他事情，你都有信心也有能力完成得更好。

只有学会自我接纳才可能一辈子不发胖

减肥不是一两天的事情。即使你一时瘦了下来，也不代表你减肥成功了，之后还需要持续保持。能够自我接纳的人，不会给自己制定过高的目标，也不会轻易对自己失望和放弃，她们不攀比、不求速成，因为她们知道，只有拥有平静的心情，才能确保自己长期坚持下去。即使是减肥成功后隔一段时间又反弹了，也没什么大不了，我们都不完美，都会犯错，及时修正就好。

减肥带给我们的改变，是思维方式的转变，而不仅是饮食习惯和生活习惯上的改变。减肥的初衷不该是厌恶自己的身材，而应是成就更好的自己。你的出发点不同，过程和结果也会大相径庭。

当你想做出改变的原因是对自己不满时，你更容易产生怨言，改变的时候也会不情不愿，这样的计划难免会因为坚持不下去而失败。而当你能自我接纳，为更美好的目标而努力时，过程中的苦也会变成甜，这样使你更容易不断坚持。

减肥也是一样，过程很漫长，途中你可能会犯错，也可能遭受挫折，但当你学会自我接纳，承认自己是个普通人，就不会把减肥想得很容易，也不会轻易陷入自我否定中去。

放轻松，谁也没有在看你

心理学上有个"聚光灯效应"，意思是我们总觉得别人在关注自己。今天的衣服有点紧，似乎露出小肚腩了；他是不是注意到我的大腿很粗？手臂上的"拜拜肉"是不是被别人发现了？……

但实际上，可能谁也没有在看你！就像你也不会很在意别人的事一样，别人也不会没事就来观察你。世界上最关心上述这些事情的人，只有你自己。所以，放轻松，你完全不需要去在意别人的目光。

减肥是你自己的事情。它的目的不是获得别人的认可，而是让你接纳自己，更加爱自己。

5句"定心咒"让你不再挑剔自己

自我接纳说起来只有4个字，但如何通过具体的行动练习呢？

同样是半杯水，有些人看到的是"杯子半空"，有些人看到的是"杯子半满"。习惯"杯子半空"思维的人，很容易把事情想得很消极。

要想从消极的想法中解脱出来，就要学习摆脱负面情绪，你可以用积极的话语来自我肯定和自我暗示，对自己说正面的、充满希望的话。当你这样做了一段时间后，你就会发现自己的想法慢慢变得积极了。

这5句话你不用费心思考，只要在心里默念即可。随时随地，每当出现负面想法的时候，你都可以在心里把这5句话默念3遍，改变消极的思维，让自己变得正面积极起来。

另外，我想告诉你的是，不管是减肥还是遇到别的其他事情，都要抱着"杯子半满"的心态，而不要抱着"杯子半空"的心态。遇到挫折时不要打击自己，而要用积极的话语给自己鼓励和打气。

第 1 句：我在一点点进步。

当你好几次没管住自己的嘴，感觉很挫败时；当你没忍住又吃了糖果，责备自己真没用时；当你的计划失败，甚至是再次失败时，请停止责备自己，认认真真地告诉自己：我在一点点进步。不要只关注结果，更要重视自己在过程中的变化和进步。

第 2 句：今天过得不容易，我真的辛苦了。

今天可能真的很糟糕，你面对一大堆家里的、工作的麻烦事，说好的健康饮食也放弃了，又忍不住吃了"垃圾食品"……你感觉自己是个失败者。这时候我也请你停止对自己暴饮暴食的内疚，对自己说：今天过得不容易，我真的辛苦了。挺过了不容易的这一天，下一次我们用更好的心态去应对就好了。

第 3 句：天啊，真美味，我吃一块就满足了！

当你在外就餐，或者和朋友、家人相聚时，吃了一块美味的蛋糕，但不要为此事就对自己失望，或者认为自己没有自控力。这个时候，你要想：我尊重了自己身体的需要，尽管蛋糕这么好吃，但我只吃一块就满足了。记住，第一口的滋味最好，请好好享受，不要自责。消极的心态会让你破罐子破摔，导致做出更消极的行为，比如吃光盘子里所有的蛋糕。

第 4 句：我喜欢我的身体，我的状态在变好。

照镜子时不要嫌弃自己的身体，当你觉得自己脸太大、讨厌自己的双下巴或者是小肚腩时，不妨换个思路和自己对话，发现自己身上的优点，比如说：我喜欢我的笑容，我喜欢我的眼睛。试着从心里去喜爱自己的身体，从正向的角度去观察自己身体上的变化并对自己说："我喜欢我的身体，我的状态在变好。"

第 5 句：我真正的感觉是什么?

当你感到生气、伤心、难受时，可以在心里默念："我真正的感觉是什么?"当你情绪失控时，只有搞清楚引发你情绪失控的原因，才能调整好情绪。即使当你默念时没有找到答案，这句话也能让你的情绪平复一些。

练习2：4个步骤助你了解"我真的饿了吗?"

你以为的饿，可能不是真的饿

当你工作到下午四五点，辛辛苦苦做了一天的方案又被领导打回重做，面对堆积如山的工作和领导的责备，你感到很挫败，随手便把桌子上放着的一罐软糖拿来吃光了。

当你周末吃完晚饭躺在沙发上，手里拿着平板看视频，视频中插播了一则巧克力广告。你看完便忍不住找东西吃，你随手打开一包薯片，一想到即将到来的周一，立刻感到压力，一不留神就将薯片吃光了……

有时候，你心里根本没想着要吃东西，但当你逛街走到蛋糕店附近时，你周围的空气里都弥漫着烘焙的香味。你突然就觉得饿了，很想吃点什么。

其实这些都不是生理性饥饿，因为工作压力吃光软糖属于情绪性饮食，而吃光薯片和被蛋糕店诱惑而想吃东西，则是受到外界食物信号的影响。很多时候，我们以为自己需要吃东西，不是因为我们觉得饥饿，而是因为我们嘴馋。事实上，我们想要吃东西的理由有很多，饥饿只是其中之一。

想要成功减肥，先要会分辨身体的饥饿感。什么才是生理性饥饿呢?每个人的饥饿感或许都不一样，但通常我们的身体会发出这些信号：比如说你会感觉胃里传来小小的咕噜声，还有轻微的抽搐，有一点点头晕，无法集中注意力。这种感受再强烈些你就会觉得胃里不舒服，烦躁易生气，再饿下去就感觉自己要晕倒了。

为什么现在肥胖的人变得越来越多？想想看，你有多少次是因为饥饿才吃东西的？是不是往往不饿也会进食？吃东西早已成了我们生活中的习惯，我们沉浸其中，甚至意识不到。

停不下来的吃吃吃，是因为缺爱？

减肥要学会尊重自己身体的饥饿感，在身体需要的时候进食。但饥饿感有很多种伪装形式，譬如说心理性饥饿。

因为某种食物看起来不错而想吃，或者在某种场合觉得自己应该吃点东西，这种叫心理性饥饿。譬如说，在朋友的生日聚会上你想要吃蛋糕，这种情况就属于味觉饥饿。而当你不开心时，想要吃点东西来解决情绪问题，这便是情绪性饥饿。

有时候明明不饿你也会想要吃东西，想要避免出现这种情况，你需要找到背后真实的原因。比如说，是不是缺爱？

这并非开玩笑，不止胃需要满足，我们的心也需要被满足。一旦心有了空缺，我们习惯用食物来安慰自己，便很容易出现情绪性饮食。但其实需要食物的是胃，心需要的是爱和接纳。

如何分辨心理性饥饿和生理性饥饿？

每个人都有情绪不好的时候，该如何分辨自己当下是情绪引起的心理性饥饿，还是生理性饥饿呢？以下是这两种饥饿的典型特征描述，可以帮助你分辨你的饥饿感属于哪一种类型。

心理性饥饿：

1. 吃东西的念头来得很猛烈，饥饿感突然很强烈。

2. 越是压力大的时候越觉得饿。

3. 不太在意自己吃的是什么，只要有东西吃就行。

4. 执着于想吃某一种食物，这种食物通常是高糖高脂类的。

5. 吃东西的动作很机械，根本没有认真品尝食物。

6. 即使吃饱了，也没有满足感，还是感觉空虚。

7. 吃完东西就会感到内疚。

生理性饥饿：[3]

1. 饥饿感是逐渐增加的。

2. 并不执着于一定要吃某种特定的食物。

3. 感受到胃咕噜咕噜叫，这是饥饿时最轻微的生理反应。

4. 想吃东西就会行动起来，不会强迫自己一定要等到某个时刻。

5. 吃饱了，就会停下来，并且会因为进食而感到很满足。

6. 吃完东西不会有内疚感。

4个步骤助你了解"我真的饿了吗？"

心理性饥饿和生理性饥饿是有明显区别的。体重超标的人，很多都有情绪性饮食或心理性饥饿的问题。如果不解决这一点，很难减肥成功或者长期维持住减肥后的体重。

食物是用来满足身体需求的，不要用它来应对情绪问题。否则不但情绪问题没能得到解决，又增添了体重的烦恼。

当你发现自己有情绪性饮食的问题时，不管是轻度的，还是暴饮暴食，都可以有意识地练习下面4个步骤。它们将帮助你掀开饥饿感的伪装的一面，找出潜藏其下的情绪问题。只有将根本问题解决掉，才能摆脱食物的诱惑。你要耐心地和自己对话、和情绪共处。虽然这不会让当下面对的问题立刻得以解决，但却可以让你慢慢减少情绪性饮食。

步骤一：问自己"我是真的饿了吗？"

伸向食物的手停下来，闭上眼睛，感觉一下自己的身体，问问自己："我是真的饿了吗？"如果你并没有生理上的饥饿反应，而想吃东西的欲望又来得很猛烈，那么，继续步骤二。

步骤二：问自己"我真正的感觉是什么？"

继续问自己："我真正的感觉是什么？"但这可能比较难一下子厘清思路，你可以试试这些方法：

安静下来，尽可能感受自己的情绪；

拿张纸，把自己的情绪写下来；

打个电话给朋友，和他说说你的情绪。

步骤三：弄清自己真正需要的是什么。

不要压抑，也不要克制情绪，把饥饿感背后的情绪找出来，问问自己到底需要什么。这需要你一次又一次去和自己对话，在这个过程中，你可能会发现，自己是太疲惫了，需要的是休息而不是食物。你的情绪可能是由于对家人做的某些事感到不满，但一直压抑不去表达。情绪产生的原因可能有很多种，但当你搞清楚原因你就会明白，你需要的并不是食物。

步骤四：勇敢做自己，把自己内心的感受表达出来。

要学会善待自己，觉得累了就休息，感到难过就哭出来，不要太逞强。大胆把情绪表达出来，你需要倾诉、被理解和被接纳。你需要安慰和温暖，比如一个拥抱。不要回避自己对爱和接纳的需求。你不需要做一个老好人，也不必对自己过于苛刻。

摆脱情绪，我们要学习如何自我放松

1. 听喜欢的音乐。

2. 做深呼吸。

3. 做瑜伽。

4. 去遛狗。

5. 和朋友们玩牌。

6. 做按摩。

7. 买点小礼物给自己。

8. 在家里摆上鲜花。

9. 敷片面膜，做一个发型，做一次美甲，或者享受一次足疗等。

10. 给自己买个毛绒公仔，然后用力抱抱它。

给自己的坏情绪找一些出口，不要压制情绪，坦然面对它

1. 大哭一场。

2. 写日记，写出你的情绪。

3. 给朋友打电话。

4. 录音或者录视频，说出自己的情绪。

5. 打枕头发泄。

6. 面对引起你情绪的人，和他把事情摊开来谈。

7. 深呼吸。

8. 静坐。

找点别的方式来分散注意力

1. 看一本好看的书。

2. 看场电影。

3. 和好友通一次电话。

4. 开车兜风。

5. 做点家务。

6. 下楼散散步。

7. 玩游戏。

8. 小睡片刻。

"道理我都懂，但就是做不到"

在上一个练习中，我们学习了如何分辨生理性饥饿和心理性饥饿，一步步厘清了自己的情绪，明白自己真正需要的是什么，弄清楚这一点非常重要。你的饥饿感是否来源于孤独、压力、恐惧，或者焦虑？你究竟是为什么感到饥饿？

沉迷于吃东西没有任何意义，它满足不了你精神上的"饥饿"。唯有找到答案，对症下药，才能真正解决你内心的问题。

即使有很多有效的方法能帮助你应对情绪化饮食，但当情绪排山倒海而来时，你会迫切地想要摆脱这些情绪，于是吃东西便成为下意识的举动，放下吃东西的欲望确实很难。

正如人们常说的那句话"道理我都懂，但就是做不到"，我们面对食物时也是一样。大脑里两种思想在交战，一方面认为"放下食物"才是对的，你这时候并不需要食物，食物只会破坏你的减肥计划，让一切变得更糟糕。但另一方面你又感到无能为力，面对眼前的美食似乎又停不下来。

在我过往的职场生涯中，每天要处理一堆大事小事。面对职场上残酷的竞争，背负着业绩的压力，我不敢有半点松懈。零售行业的管理都在细节上，我一直都处于精神紧绷的状态。在没有找到合适的减压方式前，我一到休息时，脑子就被食欲占满了。但当我吃到舒服、情绪变好时，胃却早已经吃撑了，这时候我又会对自己很生气，责怪自己没有自制力。

情绪性饮食很多时候是无意识进食，对食物无法放手，但吃完又会感到内疚，这种恶性循环只会让我们的心态更加糟糕。

饮食中"放不下"的人，人生也会过得苦

饮食是生活中的一部分，我们对待饮食的态度，反映了我们对待人生的态度。有情绪性饮食习惯的人，在处理生活中的其他事情时也常常会情绪化，对很多事放不下。

当你不能改变自己的情绪性饮食习惯时，在生活、工作等其他事情上，也很容易感到烦恼，并且会把问题过度放大。你会在很多事情上不能放手，一直对某件事耿耿于怀、纠结不已，总烦恼着一些自己改变不了的事情，让自己变得更加焦虑、愤怒，在情绪性饮食的泥潭中越陷越深。

从饮食到人生都需要学会"放下"

生活中我们常有这样的事情发生，当我们某段时间感到很不顺心，处在困境中很苦闷时，我们去和朋友倾诉，他们总会告诉我们说："放下吧！"

你很容易觉得朋友不够理解自己，因为如果真能像他们说的那么简单"放下就好了"，也就无须受苦了。放下是一种"修炼"和体悟，只有自己领会才可能实现。从饮食到人生皆是如此。放不下吃火锅、喝奶茶的欲望，与放不下同事跟你吵架给你造成的伤害，这两者并没有多大区别，同样是需要学会放下，才能得到自在。

其实，简单到每一次呼吸，都是拿起与放下的交替。放下，看淡人、事、物的消逝和变化，清空纷杂的思绪。这个过程并不容易，需要平时多加练习、养成习惯，不然等到真正需要放下时才想起来就太晚了。

人生没有绝对的好坏和对错，很多时候一件事情的好与坏取决于我们如何去看待它。让我们从改变情绪性饮食开始，学会放下。由自己内在开始改变，将执念转化为成长、疗愈和蜕变的力量。

放不下的人生，越走越苦。

每天5分钟，试着学会"放手"

学会放手这件事既不深奥，也不复杂，持续练习很容易就可以做到。它不但可以赶走缠绕在你大脑里的食欲，也能赶走一些烦扰你的念头。

最简单的放手练习是呼吸训练，这个方法十分简单有效，能够让你冷静下来。呼吸训练很简单，而且它没有时间和地点的限制，你随时随地可以进行，无论是在排队、走路或是在开车……

呼吸训练需要提前准备，这里的提前准备指的是消除压力或者脱离情绪性饮食，就可以开始呼吸训练。注意一定要多练习，不要放弃。你可能有时会无法集中自己的注意力，没关系，只要将意识再拉回来就可以了。

放下其实是抓和放的过程。当你很渴望吃东西，或者被一个痛苦的想法纠缠着时。不要刻意忽视它，反而应该把它"抓住"，大胆地面对它，然后再把它"放下"。

比如说，你想吃东西，是抓；承认自己有吃东西的想法，是放；你自问为什么要苛求自己，是抓；你告诉自己，想法只是想法，你可以不用听它的，是放。

1.吃东西前先等一下

感到饥饿时，提醒自己再等5~10分钟。这段时间可以让你分辨自己产生的是生理性饥饿还是心理性饥饿，从而做出更理性的行为。如果是心理性饥饿，你可以做一点吃东西之外的事情，来转移注意力，这样做可以帮助你消除对食物的渴望。

2. 一呼一吸就是放下

选择一个你觉得舒服的姿势，可以是站着也可以是坐着；

可以选择闭上眼睛；

放松脖子和肩部的肌肉；

用鼻子慢慢吸气，从一数到四；

吐气，从一数到八。

按上面的方法重复做深呼吸，直到你感觉舒适平静为止。

3. 继续进行呼吸练习

缓慢深呼吸 3 次；

改变你的身体姿势，如果你之前的姿势是半躺着的，赶紧挺胸端正坐好，也可以站起来；

慢慢走动，活动你的身体，晃动肩膀、手臂、腰、臀部、大腿；

在大脑里想着"我要放下让我烦恼的事情"。

重复上面的过程，直到你感觉自己平静下来。

4. 每天都要学着"放手"

在每一天的日常生活中，随处练习放下。多观察事物的变化，用平常心看待自己不同阶段的变化。相信所发生的事情都是生命的必然而不是偶然，提醒自己：你的放不下只是突然面对生活的变化，一时难以承受而已。

如同一段感情，从两人眉目传情、心生爱意，到两人相互表白，牵手在一起，再到感情生变，分道扬镳，每一件事都有周期，比如生命，每件事都是从发生到维持，再到衰退，最后消逝。明白了这一点，可以帮助我们从小处接受变化，保持平常心，学会放下。

练习4：用五感去体会吃饭的愉悦

吃得越满足，对食物的渴望就越低

有一位读者和我说，她的工作节奏快、压力大，回到家还要照顾小孩，很多时候都忘记了给自己好好准备一餐饭，常常不记得自己吃了什么。当她晚上安顿下来可以休息时，就特别渴望吃点零食，但当她白天抽出时间认真思考自己想吃什么，并且真的吃到了，晚上就不再那么想吃零食了。

事实上，你吃得不够满足，也会产生饥饿感。

大家平时吃饭，更在意"分量"，以为感觉饿是因为自己吃的分量不够。

但身体对食物的渴望，并非如此简单，它其实受到很多因素的影响，其中很重要的一个因素是进餐满足感。

一顿饭你吃得越满足，之后对食物的渴望就越低，下一餐也会吃得少一些。相反，如果你忽略自己的需求，随便搪塞自己吃完一顿饭，就会缺失满足感。这样你用完餐不到一会儿，不管饿不饿，可能都会到处找吃的，并且你很容易被各种零食吸引，从而吃得更多。

你有多久没有吃得满足了？

满足感在我们的人生中很重要，不管是对于饮食，还是对于情感，或者对于事业，如果你得不到满足，就会不开心。

但是，你有多久没有吃得满足了呢？有太多事情充斥着我们的生活，最重要的吃饭一事反而沦为了一项任务。我们习惯于平时吃东西太快，即使是吃大餐，大家也是忙着应酬讲话。直到盘子里的食物吃完了，我们才停下来，至于吃到什么味道，便顾不得仔细品尝了。

当你在公司习惯用 5 分钟时间吃饭，回到家里便也慢不下来。很多人经常会在吃饭的同时做其他事情，比如边吃东西边看手机。这类人连吃进去的是什么东西，是什么味道，可能都不知道。

如此下去，久而久之，别说吃饭的愉悦感，我们的味蕾也会渐渐迟钝起来，要靠各种重口或者含芝士类的食品来寻回快感。

重新找回吃饭的愉悦感

在舒适、美好的环境里，吃自己想吃的食物，让嗅觉、视觉、味觉、听觉、触觉，都得到满足和愉悦。这样不但能提升你的生活品质，而且不用吃太多就会感到饱了，这样你的食物总摄入量下降，便不会总是管不住自己的嘴了。

1. 找到你真正喜欢的食物

如果你经常嘴里吃着东西，大脑却在想别的事情，并没有真正关注食物，久而久之，你会忽略自己味蕾的感受。只有找到自己喜欢的食物，才能提高用餐时的满足感。如果总是忽略自己味蕾的感受，则会被各种重口味食物刺激，大脑的奖赏机制会让你误以为这些是自己喜欢吃的食物。

试试用感官去探索食物的特质吧，吃饭时认真体会食物的味道、口感、香气、外形、温度等。每个人口味都不同，对食物的感受也会不同，你需要去了解自己的偏好，这是个有意思的实验，也是个有趣的过程。

2. 不要在过饱或过饿时吃东西

你在非常饿的时候，只会想着要怎样去填饱肚子，哪里还有心情品尝美食？还来不及体会食物的味道，已经狼吞虎咽地吃完了。但当你太饱的时候，进食需求不强烈，你同样会食不知味，即使是美味佳肴，你所体会到的满足感也会降低。

3. 吃饭时不分心

对现代人来说，专心吃一顿饭很难，我们在吃饭时不是看电视，就是看手机，又或者是和朋友聊天。但吃饭时分心同样会影响你的满足感，让你吃得更快、更多，但却记不得自己吃了什么。

太饿时吃东西，或者一边吃饭一边分心做其他事情，都会导致我们吃饭过快。因为身体吃饱的信号传递到大脑，至少需要 20 分钟。当我们吃得太快时，很容易会吃下过量的食物。

4. 营造就餐环境

很多好的餐厅是因为就餐环境好而有好口碑的，在好的环境里吃饭，人们更容易获得满足感。有些餐厅是凭借好的环境这一点吸引人们频繁光顾。在家用餐也是一样，你可以买一块漂亮的桌布，换上好看的餐具，根据季节、节日更换餐具用品，这样做也可以提高你的饮食愉悦感。

当然，我们无法保证每一餐都能吃到自己真正喜欢的食物，也不能保证每一次用餐都能处在一个好的环境中。但放松一点，吃饭而已，不必追求完美。这只是一餐饭，重点是你懂得之后如何照顾自己的满足感就可以了。

5. 用五感去体会，愉悦地吃饭

饮食是我们生活中很重要的一部分，找回饮食中的愉悦感和满足感，不仅能帮助我们减肥成功，还能提高我们生活的幸福感。减肥和生活，原本就是一体的。好好吃饭的人，不容易胖。

用五感去体会食物，找回用餐的愉悦和满足感，这源自正念练习中的饮食静观。吃饭时融入觉察力，领受与食物同在的过程，这会帮助我们打开感官。不管是菜品还是饮品，当它们进入口中时，你都可以认真体会咀嚼、咽下等时候不同的感受。

但不必太严肃认真，认为这样就一定要吃得很刻意，或者必须在非常好的餐厅里才可以就餐，这样就是脱离生活了。这其实是很好玩的练习，不必拘泥于形式。当你认真品尝食物的味道，一口一口地吃饭，饮食和生活都会更有滋味。

（1）如何用五感体会食物[4]。

视觉：看一看要吃的食物，形状、大小、颜色、新鲜程度，是否吸引你的眼球。

听觉：听自己细细咀嚼食物的声音。

嗅觉：每一种食物都有不同的气味，你要吃的食物气味是不是很诱人，诱人的气味也能给你带来满足感。

触觉：有包装的食物可以用手去触摸，感受它是轻而蓬松还是重而结实；用舌头和牙齿感受食物是软还是硬、是粗糙还是绵滑。

味觉：用舌头细细体会，食物的味道是咸的，还是酸的，抑或是其他味道，细细品味每一口食物味道的变化……

（2）愉悦吃饭要注意的4点。

一是慢慢吃，不要狼吞虎咽，一般午餐和晚餐进食时间不少于20分钟。

二是充分咀嚼，吃完一口，再吃下一口。顺便观察自己有没有这口没吃完就吃下一口的习惯，提醒自己："我不赶时间，不需要这么着急。"

三是放下手机、电脑、平板，也不要看电视，让自己专注于用餐。

四是调动自己的感官，感受每一口食物：看着、拿着、夹着、咀嚼、吞咽时的感觉，慢慢品味。

练习5：3个小动作睡出好心态

焦头烂额的现代女性普遍有睡眠问题

我的读者中有一些女性长年上晚班，比如说医院的工作人员、互联网从业者等等。她们下班很晚回到家，感觉很疲惫，常常觉得烦躁，但她们回到家后却不会马上睡觉，而是继续熬夜。去厨房找东西吃或者点外卖，好像只有吃点东西，上晚班的劳累才会得到慰藉。长期积累下来，人越来越胖，脾气也变得焦躁易怒。

其实大家应该都有类似的体会，即使不上夜班，熬夜的时候明显感觉自己食欲大增，想吃垃圾食品和重口味食物。而当我们正常作息的时候，却很少在饮食上放纵自己，第二天起来觉得神清气爽。

焦头烂额的现代女性，普遍存在睡眠的问题。

女性上班忙着奋斗，下班回家又有一堆家务要做，做了妈妈的还要带孩子。属于自己的时间本来就不多，剩下一点点时间哪敢轻易用来睡觉？还要忙着抓紧时间看书学习、提升自己，或者和朋友交流，保持良好的社交关系……

激素水平也会影响女性的睡眠质量。很多女性在快来月经的时候都会失眠，而当月经终于来了，那几天又困到不行。这是因为临近月经，女性身体里的雌激素分泌量下降，孕激素逐渐减少。而孕激素下降会导致女性的体温下降，这时候人便容易产生困意。雌激素有抗压作用，一旦它的分泌量减少，人的抗压能力也会变差，因此经期的女性更容易情绪不稳定，从而难以入睡。[5]

想要不焦虑，睡眠很重要

睡眠不仅仅能够让我们得以休息、恢复体力，还能够减轻我们大脑的疲劳，缓解我们的情绪问题。睡眠可以清理意识，消除身体的疲劳，缓解心理疲劳。让大脑变得更清晰，减少沮丧的情绪，使整个人变得正面积极起来。

只要我们睁开眼睛，就会产生各种各样的情绪问题。很多情绪我们可能都不会表达出来，特别是一些比较负面的情绪，像愤怒、焦虑、恐惧、担心等等，我们总是习惯于把它们默默压抑在心底。多亏了睡眠，我们才能把情绪调整好。

相信大家都有过这样的体验：白天被讨厌的人或事气到，晚上回家好好睡一觉，醒来就感觉心里舒服多了。

如果你没有睡好，不但思考问题的速度会变慢，负责管理心理状态的大脑部位也会"消极怠工"，直接影响你控制情绪的能力。如果你时常感觉自己做事提不起劲儿，控制不了自己的情绪，也许和你长期睡眠质量不好有很大的关系。

睡不好会导致情绪性饮食

良好的睡眠帮助我们保持稳定的食欲，而睡眠不足则会降低我们体内的瘦体素水平，同时释放出更多的生长激素，导致我们体内的激素分泌失衡，进而增强食欲，引起肥胖。

睡眠不好也容易焦虑，引发情绪性饮食问题。我们喜爱吃高糖高脂的食物，这也和我们体内的激素有关。睡不好引发食欲大增，而这些食物能提升我们体内血清素的含量，而血清素负责调解情绪、缓解压力。

睡够8个小时就可以了吗？

美国曾有人做过一个大规模的调查，调查结果显示，睡眠时间为 6.5~7.4 小时的人群死亡率是最低的。"8 小时睡眠时间"就是这样推算出来的。

然而，理想的睡眠时间并没有一个统一标准，它是因人而异的。有些人睡 3~4 个小时就很清醒了，有些人睡 9 个小时却也不够。睡太多不利于健康，睡太少也不行，睡眠时间一定要适度。

睡眠对我们很重要，但并不是睡够 8 个小时，就可以称得上优质睡眠。衡量睡眠质量的标准除了睡眠时长以外，还有熟睡度。

用熟睡度来衡量睡眠质量，有以下 5 个指标。这 5 个指标，只要有其中一个不符合，就意味着睡得不够好。

起床时：闹钟一响就能很快醒来，睁开眼睛感觉神清气爽。

起床后：感觉肚子饿，有想要进食的欲望。

早餐后：每天在基本固定的时间里排便。

上午：不困不打瞌睡，工作精力充沛。

周末或放假时：睡眠时间和平时差不多，或者不会多出两个小时以上。

3个小动作助你睡出好心态

很多人的睡眠质量不佳，不是半夜会醒来，就是早上怎么也起不了床，或者是白天一直打呵欠。没有高质量的睡眠，就无法消除身心的疲劳。变瘦变美不焦虑，都离不开好的睡眠。只有睡得好，醒来时头脑清醒，情绪积极正面，才能有效减少情绪性饮食。

优质睡眠要同时兼顾质和量，好的睡眠是在20分钟内睡着，一觉睡到自然醒，起床后也不会犯困，能朝气蓬勃地迎接白天的工作。

下面有3个小方法，每天睡觉前做一下，让它们成为你的"入睡仪式"，并且你可以在心里暗示自己：只要我做了这些事，我就能美美地睡着了。

1. 听音乐

找一些比较舒缓的音乐，像古典音乐，或者是能让你感到治愈的纯音乐在睡觉前听。

2. 呵护身体

买身体乳时选一款你喜欢的香味，睡前涂抹在脖子和四肢上，记得关照好你的每一寸肌肤。

3. 自我按摩

平时你可能也会做一些自我按摩，像头痛时揉太阳穴、肩膀酸时揉一揉肩。按摩可以帮助我们缓解肌肉紧张，使我们的身体放松，也会增加我们体内内啡肽的含量，从而改善心情，让我们的睡眠质量更好。当我们涂完身体乳后，再给自己按摩一下，这种感觉简直是太美妙了。

下面介绍几个按摩身体的小方法。

头部：手肘放在桌子上，用拇指指尖接触头皮，按摩头部。

眼睛：将两只手掌合在一起并快速摩擦发热，再温柔地蒙住自己的眼睛半分钟。

耳朵：拇指和食指按摩外耳边缘，慢慢移到耳垂，继续按摩，直至感觉耳朵变暖。

脸部：拇指的指关节在鼻子两侧上下按摩。

胃部：顺时针在肚子上画圈按摩 20 次。这个动作有助于消化，当你过度饮食后也可以这样做。

手：双手合在一起摩擦，感觉发热后双手十指交叉紧握在一起，用一只手的拇指在另一只手的拇指下方区域画圈按摩，不间断地慢慢按摩到手掌中央。

脚：站立，握住椅子边缘，一只脚放在按摩球上（建议选择质感偏硬、体积不大的按摩球，它会成为你自己按摩脚部和肩部的好帮手）前后滚动。将脚掌放在球上，缓慢施力，使按摩球在脚下滚动。接下来分别用脚掌、脚趾和脚后跟滚动按摩球。

肩膀：用肩膀将按摩球压在墙上，在肩胛骨之间滚动，坚持 3~5 分钟，直到双肩放松。

减肥不能只靠毅力死撑

虽然你已经在心里默念了烧烤、奶茶、小龙虾的坏处 100 次，告诫自己绝对不能再碰这些东西，但你还是会忍不住，用手机去点外卖……

当你在路上经过面包店，甜甜的烘焙香味钻到你的鼻子里，你假装没闻到，但当你回家坐在沙发上时，那些甜点依然在你的脑海里挥之不去。

你的心里总是想着食物、食物、食物，想把关于食物的念头从大脑中赶走并不那么容易。

现代人生活很忙碌，每天总有不同的事情接踵而来。日复一日，有时你可能根本没意识到自己在干什么，时间就消磨了大半。而吃东西只是一种机械动作，你其实并没有真正尝到食物的味道。你会无意识地吃光办公室抽屉里的小饼干，吃完后也不一定能意识到，自己是因为紧张和焦虑才想要吃东西。

不关注自己的情绪，不体会身体的感觉，很容易引发情绪性饮食。

很多人将减肥失败归咎于自己缺乏毅力，他们在面对诱人的食物时总是控制不住自己的嘴巴。然而，很多时候管不住嘴，其实是心理问题，只靠毅力很难解决。

控制不住情绪，长期处于焦虑状态，或者经常感觉压力很大，都很容易暴饮暴食，用食物去解压，去填补心理上的不满足。大家开玩笑说的"化悲愤为食量"就是这个意思。减肥要先解决心理问题，学会控制自己的情绪，避免用食物宣泄自身的压力，才能从根源上解决情绪性饮食问题。

练习正念冥想，停止对食物的渴望

如何靠正念冥想消除自己想吃东西的想法呢？那就是关注当下，关注当下自己的身体。

正念的意思并不是正确的观念，而是练习觉察的意思。这里的觉察包括身体觉察和情绪觉察。觉察不关注过去，也不关注未来，它只关注此时此刻你的身体和情绪。

正念冥想听起来有些深奥，但其实是一种简单、有用的技巧。当你满脑子都想大吃一顿，它可以帮助你清空大脑，让你平静下来，并且找到你对食物产生渴望背后的原因。这种方法做起来很方便，随时随地，都可以进行。

当我们感受到压力时，身体会自动进入战斗状态，我们的心跳会加速，会分泌肾上腺素，血管会收缩，消化也会变慢。但冥想可以放慢心跳和呼吸，降低血压、放松肌肉，使我们摆脱这种压力状态。

和情绪、想法相比，身体是一种客观存在，它会受到时间和空间的限制，只能停留在"现在"，而不能留在过去或未来。冥想时请把你的关注点从你的想法转向身体，关注你的每一个动作和每一种感觉，把注意力放在身体此时此刻的状态上。

当我们学会更细致地观察和感知自己的身体，通过身体的感受去影响情绪，就可以改善我们的心理甚至是生理状态。

正念冥想可以同时改善心理与生理

正念冥想对心理和生理都有很多好处。不仅仅是减肥时需要正念冥想，当你工作压力大、无精打采、记忆力下降的时候，也可以通过正念冥想来改善这些情况。

正念冥想对心理的 5 大好处：

1. 缓解压力。

2. 减轻焦虑。

3. 清除杂念，提高专注力。

4. 控制脾气，减少喜怒无常。

5. 让人冷静下来，变得更加理智。

正念冥想对生理的 5 大好处：

1. 提高记忆力。

2. 增强免疫力。

3. 提升睡眠质量。

4. 使人分泌更多血清素，有助于缓解抑郁、焦虑等情绪，对缓解头痛和改善肥胖也有一定作用。

5. 减少压力激素的分泌。

这个世界上，没有人比你更了解自己。但事实上，你对自己的了解是相当有限的。虽然我们很容易知道自己在生气，但也常常会感到迷惘，不清楚自己的真实感受，不了解自己该坚持还是该放弃。

觉察像一盏灯，帮助你将自己看得更清晰，看清自己在身体和情绪上的需要，甚至人生路上的选择。觉察的能力可以通过练习来提升，我们可以先从对身体的觉察入手，从每天 10 分钟的简易正念冥想开始。

真正地活着应该是视而能见、听而能闻、食而知味的。但我们每天忙忙碌碌，经常忽略当下的生活。正念冥想会帮助我们摆脱这种"人在心不在"的状态，让我们从各个方面去学会自我照顾。当我们能够好好照顾自己的时候，自然也能让旁人受益。

10分钟简易正念冥想

我建议你每天抽出短短的 10 分钟，好好觉察自己的身体。这个过程不用拘泥于形式，时时刻刻、任何地方，你都可以觉察自己的身体和情绪。自我觉察可以帮助你活在当下，专注于此时此刻。

冥想有很多种，在这里我分享简易正念冥想的练习。希望你可以每天坚持练习，最好是选择相同的时间和地点，让大脑形成习惯。当你发生情绪性饮食时，也可以通过这种方法让自己平静下来，清除你对食物的渴望。

这种练习要把意识导向当下，需要注意 3 点。首先要刻意练习；其次，不被心中的好恶牵制、左右；最后是关注身体，注意感觉，注意呼吸。

1. 正念冥想法的 4 个步骤

步骤一：做好基本姿势。

尽量选择一个安静的环境，在家里或者办公室，让自己穿着舒适；

定时，从最开始的 5 分钟开始，逐步增加时间；

坐在椅子上，背部稍微挺直，不要挨着椅背，找到一个自己舒适的姿势；

腹部放松，双腿平放不要交叠，双手放在大腿上面；

闭上眼睛，也可以张开眼睛望向前方。

步骤二：把你的意识引导向身体。

感受身体与周围事物的接触，譬如手与大腿、脚与地面、臀部与椅子的接触等。

步骤三：注意呼吸过程。

感受呼吸的过程，比如进入鼻腔里的空气、空气进入身体后引起的胸腔和腹部的起伏、呼吸之间的停顿、每一次呼吸的节奏、吸入的空气温度与湿度变化等等。

不需要刻意控制呼吸，也不用深呼吸，自然随意即可。

步骤四：清除杂念。

刚开始练习时，你的脑海里容易有杂念，可以配合呼吸的节奏，循环着从1数到10。

出现杂念是很正常的事情，不需要过度追求完美，苛求自己。[6]

2. 冥想中常见的3个问题

（1）注意力不集中，总是想这想那怎么办？

脑海里出现各种各样的想法，念头控制不住且漫无目的地出现，有时连自己都不清楚自己想了些什么。这种情况真是太正常了，也很容易出现。你不需要过分在意，也别因此责怪自己做得不好，更不要认为自己有问题，试着用数数的方法把自己的注意力拉回来。

只要坚持练习，耐心一点，不去管它，你脑海中的杂乱念头就会慢慢停下来了。这时候你只需要深吸一口气，顺着这口气温柔地将心带回来，让注意力回到当下正在觉察的事物上即可。

（2）冥想时容易睡着怎么办？

虽然正念冥想是要保持清醒的，但如果你不小心睡着了也别责怪自己，也不需要强迫自己保持清醒。你会睡着说明你的身体需要适度休息，这也是回应身体需要的一种方式。这种练习对于有睡眠困难的朋友也是非常有帮助的。睡醒后，记得找机会清醒地练习就可以了。

（3）感受不到身体怎么办？

刚开始练习时出现感受不到自己的身体这种情况很常见，你不需要沮丧，也别认为自己不行或者责怪自己就是做不到。给自己多一点耐心和爱心，慢慢练习，增加觉察身体的敏锐度，慢慢地就可以找到和感受到自己身体的节奏了。不要想着去追求什么特殊或者神圣的感觉，尽量踏踏实实去体会当下存在的身体感觉就好了。

练习7：打造每天属于你的仪式

听过很多道理，却依然过不好这一生？

很多励志的书籍都告诉大家，有些人成功，是因为他们的思考模式不同于常人，拉开人与人之间差距的是思考模式。要做成一件事，先改变你的想法吧，意识决定行为。这是前人的智慧。

但事实却是颠倒过来的。你没有成功的思考模式，或许是因为你还没有开始行动起来，行为决定结果。行为比想法更重要。你做的事情决定了你是什么样的人。行为在前，才是经过科学论证的有效方法。

总会有人和我说，减肥不成功是因为自己没有自制力。其实，谁都不是先有自制力，才有自制的行为。而是先做了有自制力的事，才成为一个有自制力的人。

虽然这话听起来有一点拗口，但因果不要搞颠倒了。如果你想等到自己有了好习惯，有了自制力再去做事，只会永远陷入空想之中。

这就是为什么很多人懂得了那么多的道理，却依然过不好这一生。

不起眼的小动作，改变你的人生

想要改变你的人生一定要先有行动。只有去行动，你的人生才有可能改变，而不是通过思考来等待自己的人生发生改变。

一些不起眼的小行动也很有用。比如你每天对着镜子笑,久而久之,你的想法也会变得积极起来。

凡事都有可能,但没有谁是一口吃成个大胖子的,所以也没有人能够一转眼就变成苗条淑女。请记住量变引起质变的道理,先从小事做起,做的次数多了,日积月累,你的思维模式和行为模式也会跟着改变,从而影响你的品格与气质。

当你遇到不顺心的事,如果整天抱怨,时间长了,你整个人都会变得消极、负能量缠身,这样的你也不会取得进步。减肥也是这样,别把焦点放在"很难坚持""我做不到"上面,即使每天坚持一个小行动,一段时间后你也会变成一个拥有自制力的人。

从习惯到充满神奇力量的仪式

别被仪式这两个字吓到,这里的仪式不是什么神秘、复杂的行动,而是指你每天持续不断做的一些事。即使是很小的事,如果你长久持续地做,也会带来水滴石穿的改变。

每个人都应该有自己专属的仪式,也就是每天的标准动作。这些动作累积起来,就会变成强大的能量,让你的人生变得更好,而不仅仅是瘦身成功。

仪式不只是习惯。习惯是不用思考、不用刻意关注就能进行的事。但仪式是你在实行某件事时,赋予了它深刻的个人意义,加持了相信的力量,让平凡的事变得不平凡。

仪式不是做作,也并非遥不可及。它存在于生活的一点一滴、一饭一蔬里。追求仪式感也并非闲着无聊,它拥有强大的力量,帮助你摆脱焦虑,慢慢地改变你的人生。

仪式的内容是什么不要紧，最重要的是这个仪式是属于你自己的。越是个人化，越是你经常进行的仪式，它产生的力量也越强大。

仪式能够强烈地冲击我们的感受。想想看，我们在庆祝时会举杯致敬，吹生日蜡烛时会唱生日歌，这些让我们更能享受当下，感受到幸福。

生活中的仪式无处不在

很多人把仪式想得很遥远，犹如电影、电视剧里的场面：穿高贵的礼服，坐在安静的西餐厅里，优雅地喝红酒吃牛排，似乎仪式感需要靠大量物质来堆砌。

然而，生活中的仪式其实无处不在。它不是什么昂贵的东西，而是一种生活态度，是不将就，是对生活用心。仪式感使我们可以在琐碎又普通的小事中寻找美感，这些小事可以是吃饭、穿衣、发朋友圈……甚至是给自己拍一张美美的照片。

我经常收到读者们发来的减脂餐的图片，从这些照片中我便可以看出，谁在认真生活。餐具整洁干净，食物摆盘美观用心，拍出来的照片赏心悦目，这样的姑娘，几乎都在与我一同分享着瘦身成功的喜悦。

我有一个读者是位单身的姑娘，她每天比别人早起一个小时，下楼买新鲜的菜，回来做早餐并准备要带去公司的午餐，之后再去上班。晚上回家后做半个小时运动，看一会儿书，11点前准时入睡。她并没有做多么特别的事情，但即使是一个人她也认真生活，这种对自己负责的态度，便是真正的仪式感。

很多姑娘白天打扮得光鲜靓丽，回到家却蓬头垢面。特别是单身女性，把自己的生活过得很将就，房子"随便住一住"，反正是租的；三餐随便吃一吃，因为她们留给自己的时间实在太少。

你连自己都不爱，怎么能变瘦变美不焦虑呢?

打造每天属于你的仪式

从现在开始，请你每天完成自己的仪式。记住，只有属于你自己的仪式才最有力量，重要的不是你的仪式是什么，而是你赋予它的个人意义。

这种仪式不需要焚香，也不需要做什么复杂的准备，或者是要刻意抽出时间进行，其实每天可能只需花费你几分钟的时间。但你要敞开自己的心，并且愿意接受仪式带给你的改变。

在你的日常生活中，找到喜欢、容易接受、适合自己的仪式，越简单自然越好。如果某个仪式让你感觉不自在，那么就修改它，直到你喜欢为止。坚持21 天不中断这个仪式，如果中间忘记了，就重新开始吧。

如果你仍然怀疑仪式所能带给你的力量，也没有问题。因为有信念的注入，实行仪式会更有能量。即使你不那么相信，仪式依然可以照常进行，毕竟行动起来比停滞不前要好太多了。

你可以给自己设计一个和减肥相关的仪式。比如说，每天拍下自己精心准备的减脂餐；晚上 10 分钟，认真填写 21 天瘦身修心日志。另外，本书中所建议的关于抵抗焦虑的练习，其中适合你的方法都可以成为你生活中的仪式。

下面我列出生活中一些比较简单易行的小仪式，你可以作为参考，这些方法不一定能让你变瘦，但会让你不再焦虑，生活得更美好。我相信能够好好生活的人，管得好自己的心，自然能管得好自己的体重。

1. 早起的仪式，开始追逐你的梦想

在床上伸个懒腰、深呼吸，大声说："我现在起床啦！"记得不要急着看手机！

梳洗打扮时对着镜子微笑，让嘴角和眼睛都笑起来，大脑会理解脸部的肌肉运动，情绪也会变得正面起来。

早上可以放一些音乐，听你最喜欢的音乐，跟着一起唱也无妨，音乐对身心都有疗愈作用。

2. 白天的仪式，让你更有心、有力量去奋斗

开始工作前，先整理一下自己的办公桌，只要每天简单整理一下就好。不要让自己被混乱包围，而且清理这个动作还能帮助你减轻压力。

即使工作很忙，也要给自己一小段休息的时间，暂停下来，为自己准备一杯让人神清气爽的茶。一小口一小口地品尝，享受片刻的宁静。

在不牺牲自己太多时间的前提下帮助别人，比如说帮陌生人开门。帮助别人，你会先得到快乐。对别人好，你就会感受到美好。

3. 晚上的仪式，为明天积聚能量

避开家人或者朋友，独处 10 分钟。利用这个时间你可以练习简易正念冥想，觉察自己的身体，清空白天杂乱的情绪，获取平静的力量。

写 21 天瘦身修心日记，把一天发生的事情写下来。这能帮助你更了解自己，也是你抒发情绪的方式之一。

入睡前想象美好的明天。不要担心明天自己会有什么事做不好，而是告诉自己明天一定诸事顺利，你的潜意识将主宰你的梦境。

网络读者留言精选

减肥给我带来的不仅仅是体重上的减轻，还让我遇到了全新的自己。尽管生活中依旧有很多问题要处理，但和从前不同的是，不管经历什么，我都会美美地去面对。

——亲爱的思维题

第二个 21 天我依然坚持自己带饭去公司，常听人说宇宙法则，就是你越向宇宙传递正面信息，宇宙回馈你的也越是如此，改变自己，我相信周围的磁场也会对你输出正面信息。

——Donut

减肥也可以在美好的食物中进行，在减肥的过程中我学会了忍耐、坚持，也正在学着做更好的自己。我相信只要有足够的耐心和毅力，事情总会有好的改变，当你拥有了坚持和耐心，你的人生也会无比精彩。

——彩

从去年 8 月到现在，我成功减重 30 千克，一路坚持走来是辛苦的，但我为自己骄傲。我越来越明白勇敢尝试和坚持到底多么重要，我重新收获了健康与自信，发现了一个更好的自己。

——邱邱

瘦身，重启人生

感谢珞宁姐的分享，瘦下来的过程真的很快乐，感觉这个变瘦的过程让我自信了很多，而且我超级享受自己动手做饭的过程，当我每天换着花样给自己做吃的，感觉单身的人也可以好好享受做饭、吃饭的美好，也可以把生活过得充满乐趣，真心谢谢姐姐。

——思雨

很感谢姐姐的陪伴和好朋友们的分享，有的时候觉得自己坚持不下去，我就看看姐姐的公众号和短视频，慢慢地我知道只有不焦虑地变搜变美才是王道。姐姐说，要持续性自律而不是间歇性自虐，变美是个不停歇的旅程。愿我们一生都能和食物愉快相处，和自己不断和解，不断遇到更好的自己。

——糖糖

翻看着手机相册里去年的自己，再看看现在的自己。不论是从模样、体态、经历与对生活的追求等方面都有了很大的改变。这一年我已经从 64 千克减到 53 千克，感觉减肥不光是减了体重，还衍生出我对生活、工作的更多思考。我很想等自己到珞宁姐姐现在的年纪时，也拥有和她一样的优雅、一样的积极向上和不断追求的美好心态！愿自己精致到老，眼里全是太阳，笑里全是坦荡！

——浅念 mmj

4

第四章
行动篇：
如何吃饱吃好，开启21天瘦身之旅

对减肥而言不吃什么比吃什么更重要。对自己身体的觉察，比计算卡路里更重要。只要掌握原理，了解自己，就能找到最适合自己的减肥方法。

事半功倍的 6 条建议

听过第一章的故事，思考和吸收了第二和第三章的知识后，我想，可能你已经很心急了："赶快告诉我应该怎么办吧！"在接下来的这一章中，我将为你细讲 21 天瘦身修心法的行动方案。

如何准备进入 21 天瘦身修心之旅呢？在本章，我将为你列出每一天的饮食、运动和情绪调整的清单，以及根据网上数万条热门问题整理出的常见问题解答，我尽量用简单的方式呈现。这一章的内容，源自这一年我和朋友们失败、成功经验的总结，这是我根据实践不断迭代的成果，希望能帮到你。

在实操之前，我还是想再强调下这个"不二法门"——想要瘦身有效的方法很多，但真正让我们成功的是行动和坚持，而这往往是很多人的短板，不管是对于减肥，还是对于人生。

第1条：不要想太多，马上行动5次

每次在后台收到类似"关注你半年多了，想问下这个食谱有用吗？"之类的留言，我都感觉哭笑不得。首先我很感谢这类朋友长久以来的关注，但我想对提出这个问题的朋友说："那么长时间过去了为什么你还停留在思考的阶段？"

除非你行动起来，否则你的旅程永远不会开始。在第一章重塑人生的4个法则中，我列出的第一条就是"开始行动"。

有些人说："我胖了太多，不好看也不健康，必须减肥。"有这种意识当然很好，但你为什么没有随之行动起来呢？我见过太多人嘴上嚷着要减肥，但下一秒又说没时间做减脂餐，明天有聚会……

现代心理学家研究表明：先改变行为，思想才会随之变化。你要"哄着"自己的大脑，让它意识到改变是可行的，这被称之为"神经记忆"，也叫作"行为在前"。

行动起来，不管什么事情你做了5次以上并记录下来，都更容易坚持下来。比如每天坚持做5个俯卧撑，慢慢让大脑习惯新的行动[1]；拍照记录下自己连续吃的5次减脂餐，坚持打卡；运动后记录下自己每次运动的时间、消耗的热量等。这些行动、数据会绑着你，让你不想随意舍弃。

第2条：和家人、朋友一起，学习可以复制的成功经验

我的读者中有一位苏州姑娘Lili，我对她印象深刻，她不仅做得一手好菜，

而且摆盘、使用的器皿、拍的照片也很有品位。我经常收到她发来的美图，她不仅会做好自己的减脂餐，还会给她的同事准备一份。我不禁感叹像她这样的好同事，希望我也能多碰上几个……

很多人和我分享她们减肥成功的经验，其中很重要的一条，是她们和家人、朋友一起结伴开始 21 天减肥之旅。孤军作战不是好选择，有个好闺密、好姐妹、好妈妈、好老公……一起减肥，不但可以互相打气，还能互相监督、一起检讨，起到事半功倍的效果。

而且，找个身边减肥成功的人并向其学习，会对你产生更真实的驱动力。那些隔着很远的"偶像"，对你改变行为很难起到什么实质性作用。反而是身边的人，更容易让你发现值得你学习并且能用得上的东西。

我就是这样一位在你身边的朋友，这也是我创办"珞宁行动吧"的初衷，我想要聚集志同道合的女性朋友，一起变瘦变美不焦虑。在你开始 21 天瘦身修心之旅前，欢迎加入"珞宁行动吧"，开启你自己的实验之旅，为自己的人生负责。

第3条：1个星期量1次体重，不要被体重秤上的数字骗了

在正确的时候，测量正确的东西，才会让我们更清楚效果，有了成果才更有毅力坚持下去。减肥当然要量体重，但不要天天盯着体重秤上的数字，把自己搞得很焦虑。

身体代谢是一个缓慢的过程，短时间内的变化不会很大，为 0.1 千克、0.2 千克纠结焦虑，实在没必要，而且这样做还会打击你的信心。体重只要一周称一次，看到每周的变化趋势就可以了。如果你严格执行计划，结果

是会让你惊喜的。当然，我也不反对你每天称，但请不要为体重的波动感到心急。

比起体重，更可靠的是量体围和测体脂率。体围是最直观、真实的数据，而且测量方法也非常简单：用皮尺就可以了。体重秤可能会不准，但正规渠道购买的皮尺一般不会。

体脂率是体内脂肪含量在体重中所占的比例：体脂率 =（脂肪重量 ÷ 体重）× 100%。有很多测体脂率的方法，比如说目测法、体脂秤、体脂钳（夹）、双能量 X 射线吸收测试等等。这里需要注意的是体脂秤是根据生物阻抗值计算体脂率，存在一定偏差，身体水分含量、皮肤干燥程度等都会影响测量结果。

但对于大部分人来说，家用体脂秤数据是可以参考的，需要注意两点：一是用同一体脂秤测量；二是称重的时间、条件尽量一样。

而且，女性在生理期时，激素的分泌变化也会影响体重。月经来临前，身体内会储藏水分，体重增加几斤很正常，这时候的数据并不能显示真实的情况。所以别让短期内体重因体内储藏的水分而增加困扰你，那可能让你认为减脂无效而对自己失去信心。

与其焦虑、纠结体重秤上的数字，不如换个方式——关注自己外表的变化和穿衣服时的感觉。当你的裤子、裙子变得更舒适合身，或者你可以买小一码的衣服来衬托自己的身材时，那种感觉真的很棒！

我有一位叫"华丽"的读者，从产后的 136 斤减到 116 斤，瘦身后她和我报喜，第一句话没有提她的体重，而是对我说："我从穿 XXXL 码到 M 码，终于不用为显得瘦一点只穿黑色衣服了，现在我的衣服可以随便穿！"

什么时候称体重最好?

早晨起床上完厕所,穿上轻薄的衣服称一次体重,并且每周固定
同一天、同一时间、穿同样的衣服称体重,这样才能更准确地看
出体重的变化,这样的对比也才有意义。

一天之内体重也是有变化的,我们储存在体内的水分,食物残
渣……都会影响体重,而且早晚的体重更是会有明显变化。

早起上完厕所,身体里的水分和食物残渣基本被排出体外,这时
候称出来的体重是最真实的。

第4条:不要把自己暴露在诱惑中

有很多理论上是可以减肥的食品,比如说坚果、坚果酱,但我发现,不少朋友
没有瘦下来也是因为它们!因为这些食品太好吃了而管不住嘴,她们总是说:"只要
吃完这点,我就不吃了。"但事实上呢?她们会瞬间风卷残云般地把眼前的食物吃完。

当发誓要减肥,相信自己能自制,然后一次又一次失败后,不要焦虑,你
不是一个人,大部分人都会有这种"认知偏误",会过度高估自己面对诱惑时
的自制力。无法做出正确的判断,并且反复犯同样的错误。[2]

在这件事情上，"更努力"是没用的，我们要承认自己的弱点，而不是高估自己的自律性。比如说，我们在逛超市的时候很容易多买一些不需要的东西，也容易拿起很多垃圾食品。别高估了自己抵制诱惑的能力，你只要买了，基本都会吃掉的。所以最好的做法，是让自己远离诱惑。

我建议在减肥期间，在保障营养均衡的情况下，饮食越简单越好。经常有朋友问我这种食品能不能吃，那种食品能不能吃。说真的，有些是可以吃的，但我通常会建议，减肥期间还是吃食谱上的食物吧，这样更容易坚持下来。

在这里，有几点建议：

1. 每周定期按清单采购，提前备好食材，让冰箱里都是健康食品。

2. 除了厨房，其他房间不要放食物。

3. 吃完饭就离开餐桌。

4. 不买分量多的食物。

5. 逛街时远离那些飘出诱人香味的面包店。

尽量让自己在一个干净、简单的环境中，想乱吃东西都吃不到。把食物视觉信号的影响降到最低，远离诱惑，这是不发胖的心理学技巧之一。

第5条：尊重自己的身材，不要制定不切实际的目标

每个人的身材都有自己的特点，一部分是源自基因。我曾经无比纠结于自己的梨形身材，耗时、耗力、耗钱地想要改善它。当我了解了局部减肥实为谎言，并且评估过改变的代价后，终于告别了幻想中的身材，与身体、遗传基因和平共处了。我们可以通过饮食和运动改善身材，但不要有不现实的期待。

这个世界给女性太多不切实际的压力了，那些时尚、美容机构鼓吹的理想

身材，对普通女性来说根本不现实，也违背了健康的原则。媒体总在说：如果她能做到，你也能做到，你只要更努力就行了——事实上并非这样简单。

不要被这些不切实际的信息影响，越挑剔自己的身材，你的感觉可能会越糟糕，越会用不健康的方式追求快速地减肥。正确的态度是尊重自己的身材，为了健康和活力而减肥，但不过度追求瘦。

即使你体重超标较多，也先别急着给自己定太大、太远的目标和计划。每周减去自己体重的 1% 的重量是比较合适的速度。

太难完成的事情很容易会放弃，譬如说，如果你想每天锻炼 1 个小时，可以先从更容易做到的每次锻炼 5 分钟做起。先从小事情、短时间做起，越小的事情越容易完成，并能带给你成就感。总之，别让自己有太大压力。

第6条：公开承诺，"有所失"会让你更有动力

这几年很流行的做法，就是把自己的微信头像换成"不瘦十斤不换头像"的字样，这也是公开承诺的一种方式。不要悄无声息地减肥，以为能给大家一个惊喜，这经常就成了你的退路。

我当时莫名其妙成了瘦身达人，也是因为我在视频、公众号上公开了自己的方法、每日餐单，给自己定下了目标。自己许下的承诺，含着泪也要努力兑现。

有位读者的方法很好，她在朋友圈里发起众筹，让朋友们发红包给她作为减肥基金，如果减肥失败她就双倍退钱……这个方法比换头像更狠，为了钱包，不得不坚持啊！

因为对失去的恐惧会让人更有动力，然后成为了赢家。可以试试和朋友打赌，减不掉就输钱，最好你的朋友红包再发大点儿，那样你就更加有动力了。

6 步开始你的 21 天瘦身修心之旅

了解了肥胖背后你所不知的原因，也进行了心理建设，现在最重要的部分到了：制定行动计划。

这也是我写这本书的原因之一。学习了很多国际前沿的理论知识后，我发现专家们的书上大多没有行动计划。或者即使有少量篇幅，也不太适合中国人。

这本书里的方法，经历了一番从理论到实践的折腾。真的叫作折腾，我到处搜罗和试验专家们提及的食材，比如说印度的卡宴辣椒粉。我曾按照某位专家的建议早晨喝卡宴辣椒水，那个滋味真是让我难忘……

还好，你现在不需要看一本又一本的书，也不需要把自己当成小白鼠去做减肥实验，因为我和数千位朋友已经帮你逐一尝试了。你只需要跟着行动计划，就能一步一步变瘦变美不焦虑！

第1步：选择一天作为21天瘦身修心之旅的开始

选择一天，作为你第一个 21 天瘦身修心之旅的开始。一旦定了日子，就督促自己开始做准备。

你可以根据自己的情况选择开始的这一天。但就我和朋友们的经验而言，我建议你考虑以下的因素：

1. 尽量避开生理期

虽然 21 天瘦身的食谱对于生理期也适用，但避开这几天会让 21 天相对比较容易坚持。在月经来之前的近 10 天，体重都可能因为激素的变化而产生波动，身体开始储存水分，你的食欲也会增强。

若无意避开，我建议瘦身修心之旅可以从生理期的第 3 或第 4 天开始，最好还是等到生理期结束后。当然，如果你的身体没有感到不适，生理期开始时也可以进行 21 天瘦身修心之旅，只是这段时间里你不要太关注自己的体重了。

2. 从周一开始

从周一开始是个不错的选择。经过周末的食材采购以及娱乐和休息放松，相信你从体力和精神上，都有充分的准备开始 21 天瘦身修心之旅了。当然这不是必须的，由你自己做主从何时开始。

3. 避开频繁出差的时间

虽然在外就餐也有一些可选择的食物，但如果你想你的 21 天瘦身修心之旅有个让人满意的成果，大部分情况下自己准备减脂餐是最好的选择。

所以，提前安排好你的时间，避开你需要频繁出差或者经常需要外出就餐的时间段。

第2步：准备一个家用体脂秤和一卷皮尺

你需要一个家用体脂秤和一卷皮尺。我们先来了解减肥中基础的数据测量，这能帮助你更准确地评估减肥成果，看到自己在减肥过程中的改善。别嫌麻烦——其实也不麻烦，要想减肥成功，过上长期不发胖的生活，该记录的一定不能少。

1. 算出你的 BMI 值

该不该减肥、要减多少，不要只看体重。衡量一个人胖瘦程度和是否健康，BMI 是目前国际上通用的标准。我曾经看过一个有意思的报道：美国田纳西大学做了个为期 4 年的研究，说当妻子的 BMI 值低于丈夫时，夫妻俩都会觉得更快乐。

BMI= 体重（千克）÷ 身高（米）÷ 身高（米）

举一个例子：一个人体重 60 千克，身高 1.65 米，那么他的 BMI 值是 $60 \div 1.65 \div 1.65 \approx 22$，根据中国成年人的标准 BMI 值，属于正常范围。

以下为中国成年人的标准 BMI[3]：

过轻：BMI 值低于 18.5；

正常：BMI 值在 18.5~23.9；

过重：BMI 值在 24~27.9；

肥胖：BMI 值在 28~32；

非常肥胖：BMI 值高于 32。

2. 测量体围、腰臀比

BMI 值没办法区分出肌肉和脂肪，只能表现一个人的肥胖程度。而人的腰围和腰臀比（腰围 ÷ 臀围）是比较重要的数据，它能帮你了解你体内脂肪的堆积情况。

瘦身，重启人生

按世界卫生组织的标准，男性腰围≥102厘米、女性腰围≥88厘米，亚太地区男性腰围>85厘米、女性腰围>80厘米，男性腰臀比>1.0、女性腰臀比>0.9就是内脏型肥胖，在我国，男性腰臀比>0.9、女性腰臀比>0.8，也叫中心型肥胖。苹果型的身材就是如此，腹部堆积越多脂肪，腰围数值越高，健康风险也就越大。在我国，当女性腰围>80厘米，就要小心了。

腰围、臀围、上臂围、大腿围这4个数据合起来，就会得到体围。计算体围的变化，会让数据看起来更简单些，而简单的事情，更容易坚持。

准备一条皮尺量这4个地方

1. 上臂：量手臂的肱二头肌。
2. 腰部：自然站立，双脚自然分开，量肚脐上方1~2厘米的地方，皮尺贴紧，但不要压迫。
3. 臀部：量腰下最宽处，臀部向后最突出的部位，水平绕一圈。
4. 腿部：量大腿根部往下3厘米的位置。

3. 测量体脂率

家用体脂秤是最简单的测量体脂率的方法，但前文说过它存在一定的偏差。健身房、体检中心的体脂秤，和家用体脂秤的原理是一样的，只是健身房和体检中心的体脂秤采用了多点电极，测量时除了双脚外，双手也会接触到电极，精准度会高一些，但同样会有误差。

不过你可以将同一台体脂秤不同时间的测量结果进行对比，纵向看出自己的体脂率变化。但注意要控制变量，尽量减小其他因素的干扰，比如说当你运动完、刚蒸完桑拿或者是腹泻后，由于身体缺水，会增加生物电阻，这时测出的体脂率便会偏高。

体脂率和肥胖的判定，目前在国际上还没有统一标准。一般情况下，我们认为男性的体脂率 ≥ 25%、女性的体脂率 ≥ 30% 就存在肥胖。

表4-1　30岁左右女性体脂率范围表[4]

性别	女	
年龄	30 岁以下	30 岁及以上
正常体脂率范围	17%~24%	20%~27%
肥胖体脂率范围	≥ 25%	≥ 30%

4. 测量或计算基础代谢

虽然减肥不仅仅是计算吃进去多少卡路里、消耗了多少卡路里，但这个数据有助于你更加了解自己的饮食和活动情况。经常有人问我为什么自己吃得不多还是会发胖，后来我发现，提出这个问题的其中一部分人是真的吃多了，很多人都会低估自己每日摄入的热量。

基础代谢指的是你什么都不干，身体完全不受外界影响时的能量代谢量。这个数值可以在健身房里测量出来，也可以根据你的体重、身高、年龄、性别测算出来。

　　　　　　　　　　　　　　　　　　　　　　　瘦身，重启人生

女性：基础代谢 =655+（9.6× 体重 / 千克）+（1.8× 身高 / 厘米）-（4.7× 年龄）

举个例子：一位身高 165 厘米、体重 60 千克、年龄 30 岁的女性，她的基础代谢 =655+（9.6×60）+（1.8×165）-（4.7×30）= 1387 千卡

每天该摄入多少热量?

每日应正常摄取的热量～每日所需热量 = 基础代谢 × 活动系数

活动系数 1 →基础代谢量（躺着不动一整天）

活动系数 1.2 →办公室坐一整天（几乎很少运动或不运动）

活动系数 1.375 →轻度活动型（每周运动 1~2 次）

活动系数 1.55 →中度运动型（每周运动 3~5 次）

活动系数 1.725 →重度运动型（每周运动 6~7 次）

活动系数 1.9 →体力劳动型（每天做重度运动或重劳力工作者）

成人每日需要的热量，男性在 2200 千卡 ~2400 千卡左右，女性大概在 1900 千卡 ~2100 千卡之间。每个人所需的热量和年龄、体重、活动量都有很大关系，这个范围只能做一个参考。

第3步：清理你的厨房和冰箱

在21天瘦身修心之旅开始之前，请先清理你的厨房和冰箱，把会妨碍你坚持21天瘦身修心法的食物清理掉。这既表示新饮食方式的开始，又会避免你把自己置身于美食的诱惑中。如果你是单身，这一点很容易做到。让所有精制的米、面、糖，红肉、高果糖的水果、饮料等等，都从厨房和冰箱里消失吧。

但对于已婚已育的朋友，确实会存在实际的困难。我建议你在这个过程中，把体验和成果分享给家人，让他们也跟随21天瘦身修心法受益。至少以下4点，我想你是可以做到的。

1. 把加工类的食品移除掉

它们对于任何人都没有好处。首先是各类经过加工且含大量米、面、糖的食物，如饼干、蛋糕、甜甜圈、糖果、冰激凌、果酱、蜜饯、果干、果汁、油炸食品等，还有大豆油、花生油、玉米油等精炼植物油，以及香肠、肉丸等加工肉制品。

2. 把你的食材和家人的食材分开存放

把那些诱人又让你发胖的食物，储存在橱柜的顶部隔板层或者冰箱的底部，还可以用锡箔纸把它们包起来，让它们不那么容易被看到。

3. 多用小号的密封塑料袋、保鲜盒

即使是天然健康的食物，也用小包装分装一下，买些小号的密封袋或保鲜盒，将大包装的食物重新分装进去。如坚果类，每次只拿一次的量，避免自己吃下过多。你分装得越仔细，以后吃的时候就越不容易出错。在可能的情况下，建议尽量使用玻璃、不锈钢的容器。

4. 更换餐具

把你用的餐具都换成小一些的碗、碟。大盘子通常会搭配大勺子，餐具同样会影响你进食的量，大的餐具让食物看起来显得很少，而我们通常会努力吃光自己盛的食物。

第4步：拟定采购清单，按单采购

采购食材前列一张购物清单。不管是每天采买，还是一周买一次，都要这样做，这能有效避免冲动消费，只需按清单上列出的食材购买健康食品。我习惯于一次性把一周的大部分食材准备好，这样更有效率。

另外要注意的是去超市时不要饿着自己的肚子，否则就是给自己惹火上身了。建议只逛商品陈列架的外围，不要走到里面的过道，否则很容易"大开买戒"。还是我一直在强调的那句话，尽量不要让自己处在充满诱惑的环境中。

减肥不是挨饿，不是吃少一点，而是吃得科学一点。在食材的选择上，要重视质量而不是数量。认真品尝优质的天然食物，你的味蕾会被重新打开。

食物清单建议：

1. 购买新鲜、天然的食物。

2. 蔬菜尽可能购买有机的，肉类尽可能选择养殖场里放养的禽类、牲畜的肉。

3. 尽量购买当地、当季的食材。

4. 购买非转基因食物。

国内批准的转基因作物，包括抗虫棉、抗病番木瓜、抗虫水稻、转植酸酶基因玉米、变花色矮牵牛、抗病辣椒、转基因番茄。但抗虫水稻、转植酸酶基因玉米、变花色矮牵牛、抗病辣椒、转基因番茄并未进行商业化生产，市面上是买不到的。另外我国批准的进口转基因作物有大豆、玉米、油菜、棉花、甜菜共5种，这些主要用作加工原料。

第5步：加入组织找到珞宁

在"珞宁行动吧"的社交媒体账号上，有数万瘦身修心法的实际参与者，而且这个数量每天仍在增长。所以，减肥这件事你不会孤单地开始，作为一个新手，加入组织中来吧。你会找到同伴，并在她们过去、现在的故事中找到经验，避免走弯路。

第6步：拍张照片，准备和过去的自己告别吧！

穿上紧身的衣服，在镜子面前自拍一张，或者请家人帮忙，拍下你的正面、两侧、背面的照片。21天后，同样的服装、角度再拍一次，我猜当你看到对比后，你会"啊"惊叫一声——是的，改变就是那么明显，只要你行动起来。

21 天瘦身修心法

本章第 2 节的 6 步准备工作很重要。坦率地讲，在这 21 天瘦身修心之旅中你必定会遇到挑战甚至挫折，而提前做好准备和规划，能帮助你顺利获得成功！

这 21 天当中，你会感受到自己身体上和心理上的变化，也许前两天就会有，也许要稍晚些才出现。这个过程中你有时会是乐观、积极的，甚至你会感觉没有什么做不到的，但有时你也会遇到困难：你会焦虑、沮丧，有种快要撑不下去的感觉……这些都是正常的，因为我也曾一一体验过。相信我，经过这 3 周，你的身体和情绪都会有明显地改变，那时你的感受就会是：棒极了！

下面这部分，是把 21 天的瘦身修心食谱浓缩在表格中，方便你查阅参考。本节也有每一天的饮食建议，以及你可能会出现的状况和解决方法。当然，你拥有属于自己独一无二的进程，你可以根据自己的情况进行调整，但请一定记得，要在身体正常、健康的情况下进行。

1. 断

在第二章中我们了解到，食物是如何影响我们体内的激素分泌，导致我们发胖、对食物上瘾等问题的。因此，在这份食谱中，我们要小心避开前文中所提到的危险食物。

当然，这并不是说你永远都不可以再吃它们，我理解那里面有相当一部分是你喜爱的食物。在第二章的第2节中，我已经具体说明了如何重返正常饮食。先断舍离，然后再逐一尝试加回。但也许在这个过程中你会发现某些食物确实给你带来了不好的影响，那么就把它当成某些特殊日子的小小犒赏吧。

这个"断"的过程，我和朋友们都受益匪浅。只有通过这种彻底的"断"，我们才能逐步摆脱食物对我们的控制。而在随后的日子里，你会发现自己更懂得如何节制地享受美食。

那些精制的米、面、糖、饮料，绝大多数的水果、红肉、乳制品、谷物、含咖啡因的食品等，都不会出现在21天食谱中。

2. 简

简单是一种力量。简单的事情更容易执行，也更容易坚持。

但这和营养、口味丰富是有些矛盾的。营养需要考虑不同营养素的均衡，它们来自不同的食物。而口味呢，天天吃相同的东西，人很快就觉得厌倦了。所以，我们必须在简单和营养、口味丰富之间找到平衡。

但当我一次又一次地测试、更新食谱后，我发现事情真没有我想象中的那么复杂。想想看，我们的早餐通常只有 2~3 种食物，而午、晚餐也不过 3~4 种食物。在 3 周的时间内，轮流食用七八种食物，完全是轻松可行的。

而且，当我们戒掉那些高热量又没有营养的食物后，多摄取天然、营养的食材，就更不用担心营养均衡的问题了。在这 21 天的食谱中，里面的食材都由我精心挑选，我选中这些食材不是因为它们热量低，而是因为它们搭配起来可以让你吸收到全面的营养，并且它们在减脂方面都有着不错的功效。比如说菠菜，动画片《大力水手》里，大力水手吃完菠菜后变得更有力气是有原因的，菠菜在减脂增肌方面都已被证实有一定的作用。

"餐餐吃同样的食物"，这是《每周工作 4 小时》中蒂莫西的观点。但作为一名女性，我还是为你找到了在简单和营养、口味丰富之间的平衡。

3. 灵活

在我看来，这个原则比前两个都重要。没有什么事情是不可以改变的，当我们太过于执着的时候，就会让自己陷入焦虑的状态里，要知道欲速则不达。减肥也是如此。让我们灵活地运用这本书、这份食谱。

我只是分享了自己和众多网友的经验，但你有独一无二的身体和情绪，可以按照自己的情况做出调整，找到最适合的方法。

（1）完全按照食谱进行

这是最省力气的做法，这样做当然没问题，如果你愿意的话。按照从第 1 天到第 21 天的食谱，提前采购食材、准备食物。

（2）按照食谱进行，但调整顺序

21 天食谱以 3~4 天为一个周期，轮换菜式，通常午餐和晚餐都会有所区别，你可以根据自己的习惯，调整顺序或某个菜式的分量。

有些上班族的朋友自带午餐，即通常会在前一天晚上也做出第二天的便当，这样就等于当天的晚餐和第二天的午餐会相同。

也有些朋友是早晨起来制作当天带去公司的便当，这是一种方便且有效率的方法，这样可以同时安排好午餐和晚餐，尤其是肉和豆类。

（3）按照食材和自己的口味，DIY 食谱

你可以根据我提供的早、午、晚餐食材，自由搭配组合。也可以根据我列出的食材、调味品清单，自创食谱。本书第五章的食谱部分，都可以用来随意组合你的这 21 天食谱。

另外，需要注意的是，为了更灵活方便，21 天食谱只标注了每天的食物种类。至于烹饪方式，我会在后面推荐一些方法，蒸、煮、炖，少油地炒和烤也可以。在本书的第五章，有这些食材的不同菜式，供你自由选择和搭配。

21天瘦身修心食谱

第一周饮食清单

表4-2　21天瘦身修心食谱（第1周）

	早餐	午餐	晚餐
第1天	鸡蛋 菠菜 小扁豆或黑豆	三文鱼 什锦蔬菜 小扁豆或黑豆	去皮鸡腿 什锦蔬菜 小扁豆或黑豆
第2天	鸡蛋 菠菜 小扁豆或黑豆	三文鱼 什锦蔬菜 小扁豆或黑豆	去皮鸡腿 什锦蔬菜 小扁豆或黑豆

	早餐	午餐	晚餐
第3天	鸡蛋 菠菜 小扁豆或黑豆	三文鱼 什锦蔬菜 小扁豆或黑豆	去皮鸡腿 什锦蔬菜 小扁豆或黑豆
第4天	牛油果	鸡胸肉 什锦蔬菜 小扁豆或黑豆	虾 什锦蔬菜 小扁豆或黑豆
第5天	牛油果	鸡胸肉 什锦蔬菜 小扁豆或黑豆	虾 什锦蔬菜 小扁豆或黑豆
第6天	牛油果	鸡胸肉 什锦蔬菜 小扁豆或黑豆	虾 什锦蔬菜 小扁豆或黑豆
第7天 （犒赏日）	恭喜你坚持完成第 1 周，给自己一个小犒赏吧。 在第 7 天时，你可以选择 1~2 个自己爱吃但不在食谱中的食物，品尝享受。		

第二周饮食清单

表4-3　21天瘦身修心食谱（第2周）

	早餐	午餐	晚餐
第8天	鸡蛋 扁桃仁	银鳕鱼 什锦蔬菜 小扁豆或黑豆	鸡胸肉 什锦蔬菜 小扁豆或黑豆

	早餐	午餐	晚餐
第9天	鸡蛋 扁桃仁	银鳕鱼 什锦蔬菜 小扁豆或黑豆	鸡胸肉 什锦蔬菜 小扁豆或黑豆
第10天	鸡蛋 扁桃仁	银鳕鱼 什锦蔬菜 小扁豆或黑豆	鸡胸肉 什锦蔬菜 小扁豆或黑豆
第11天	鸡蛋 菠菜 小扁豆或黑豆	鸡胸肉 什锦蔬菜 小扁豆或黑豆	虾 什锦蔬菜 小扁豆或黑豆
第12天	鸡蛋 菠菜 小扁豆或黑豆	鸡胸肉 什锦蔬菜 小扁豆或黑豆	虾 什锦蔬菜 小扁豆或黑豆
第13天	鸡蛋 菠菜 小扁豆或黑豆	鸡胸肉 什锦蔬菜 小扁豆或黑豆	虾 什锦蔬菜 小扁豆或黑豆
第14天 （犒赏日）	恭喜你坚持完成第 2 周，给自己一个小犒赏吧。 在第 14 天时，你可以选择 1~2 个自己爱吃但不在食谱中的食物，品尝享受。		

第三周饮食清单

表4-4 21天瘦身修心食谱（第3周）

	早餐	午餐	晚餐
第15天	牛油果	去皮鸡腿 什锦蔬菜 小扁豆或黑豆	海鲜 什锦蔬菜 小扁豆或黑豆
第16天	牛油果	去皮鸡腿 什锦蔬菜 小扁豆或黑豆	海鲜 什锦蔬菜 小扁豆或黑豆
第17天	牛油果	去皮鸡腿 什锦蔬菜 小扁豆或黑豆	海鲜 什锦蔬菜 小扁豆或黑豆
第18天	鸡蛋 扁桃仁	三文鱼 什锦蔬菜 小扁豆或黑豆	虾 什锦蔬菜 小扁豆或黑豆
第19天	鸡蛋 扁桃仁	三文鱼 什锦蔬菜 小扁豆或黑豆	虾 什锦蔬菜 小扁豆或黑豆
第20天	鸡蛋 扁桃仁	三文鱼 什锦蔬菜 小扁豆或黑豆	虾 什锦蔬菜 小扁豆或黑豆
第21天	鸡蛋 扁桃仁	三文鱼 什锦蔬菜 小扁豆或黑豆	虾 什锦蔬菜 小扁豆或黑豆

以下是一些温馨提示：

1.午、晚餐中的什锦蔬菜搭配，你可以在下文瘦身食材清单中任选。出于高效和方便准备，建议每天搭配 2~3 种蔬菜即可，最好生熟搭配，3~4 天轮换一下种类。菠菜、西蓝花、花椰菜、羽衣甘蓝、芦笋，一直是我特别推荐的。

2.第 3 周中的海鲜，你可以选择吃虾、蟹、贝壳类、鱿鱼等，我最爱做泰式海鲜沙拉，给味蕾一点点酸辣刺激。

3.豆类我推荐小扁豆，黑豆也可以。在下文的食材清单中我建议选一些豆类，如果你想要丰富下豆类的品种，也可以搭配食用。但坦率地讲，只用小扁豆，会把减肥过程变得更轻松且有效率。

4.我将第 7 天和第 14 天设为犒赏日，奖励制是希望你能强化你所坚持的行动。把食物当成奖励并不是最好的选择，如果是小的、非食物性的奖励更好，比如说做个 SPA、买一支新口红等等。

为什么我仍然建议可以用 1~2 种你喜欢的食物作为每周一次给自己的犒赏，因为在实验的过程中，我发现这样一步步更容易坚持下去。但如果你一吃就刹不住车（是的，我发现也有些这样的案例），那么，干脆就不要开始吃第一口。

4 种早餐、6 种午晚餐，可自由搭配组合。

你可以按照 21 天食谱执行，这是最简单省力的方法。但如果在饮食上你有自己的偏好或者不适应，也有另一个同样简单的方法，把以下 4 种早餐和 6 种午、晚餐自由搭配组合。在口味、营养、减肥效果、个人习惯之间，找到一个平衡。

于我而言，2~3 个鸡蛋，搭配一杯热的柠檬水，是省时又有效的减脂早餐。

至于豆类，不一定每餐都要有，有条件的情况下，请适量补充。

4 种早餐选择：

表4–5 早餐搭配食谱

早餐选择一	鸡蛋 菠菜 小扁豆或黑豆
早餐选择二	鸡蛋 扁桃仁
早餐选择三	鸡蛋
早餐选择四	牛油果

6 种午、晚餐选择：

表4–6 午、晚餐搭配食谱

午、晚餐 选择一	鸡胸肉 什锦蔬菜 小扁豆或黑豆
午、晚餐 选择二	去皮鸡腿 什锦蔬菜 小扁豆或黑豆
午、晚餐 选择三	三文鱼 什锦蔬菜 小扁豆或黑豆

午、晚餐 选择四	银鳕鱼 什锦蔬菜 小扁豆或黑豆
午、晚餐 选择五	虾 什锦蔬菜 小扁豆或黑豆
午、晚餐 选择六	海鲜 （虾或蟹或贝壳类或鱿鱼等） 什锦蔬菜 小扁豆或黑豆

关于食物的分量

每个人的身高、体重、代谢能力差异比较大，热量需求也会差别很大。原则上我们要吃饱吃好，但应该慢慢品尝食物的味道而不是狼吞虎咽。吃得过快通常会让你吃得过多，因为饱腹的信号传递到大脑需要 20 分钟。如果你有一定的控制力，我还是会建议你午餐吃八分饱、晚餐吃七分饱，两餐之间如果确实饿了，可以补充些坚果或者黑巧克力。

关于使用 21 天瘦身食谱的 6 点建议：

1.蔬菜不限量，建议成年女性每天摄取 500 克蔬菜，就餐时优先吃蔬菜。

2.豆类富含植物蛋白质和多种微量元素，同时也含有碳水化合物，能够为你补充能量。但豆类可能会影响你体重下降，如果你并不太在意这一点的话，豆类可以不限量。

3.鸡蛋建议每天吃 1~2 个，包括蛋黄。

4.肉类建议每餐食用量在 100 克~200 克之间，对于体重基数不大的女性，100 克~120 克已经可以满足你身体需摄取的蛋白质的需求了。

5.牛油果每天不超过 1 个。

6.以上克数均为食物的生重。

推荐5种烹饪方法

在这 21 天瘦身修心之旅中，所有的食材我推荐尽量用蒸、煮、炖的方式烹饪，不管是从健康还是减脂的角度，高温多油的烹饪方式我都不建议。用油太多，会造成我们摄入的热量超标，温度过高也会形成有害物质。

如果你觉得这 21 天都用蒸、煮的方法准备食材比较单调的话，也可以采用少油炒、烤、拌的方法烹饪，我把具体的操作方法写在下面了，你可以轮换着用这些方法给自己准备三餐。

1.蒸：食材用调味料腌制后，放进蒸锅蒸熟。

2.煮或拌（用于沙拉制作）：肉用清水煮熟，切片或撕成丝，蔬菜清洗干净或者可以用热水焯一下，再拌调味料。

3.炖：不放油，在锅中直接放入准备好的食材，加水、放香辛料炖即可。

4.烤：用烤箱将脂肪含量高的肉烤出油。注意烤箱内的温度不要超过 200 摄氏度，食物表面不要烤到焦煳，可以用锡箔纸包裹好食材后再将其放入烤箱。

5.少油炒：肉、蛋和菜也可以用少量的油炒，但注意不要高温多油。炒蔬菜时放少量油，倒入蔬菜后焖两到三分钟，让蒸气把菜焖熟。

注意：蔬菜白灼后，需和橄榄油、芝麻油等油脂搭配食用，才能更好地吸收脂溶性维生素。但蔬菜白灼后会流失一部分水溶性维生素，所以注意焯水时间不要过久。一些草酸含量高的蔬菜通常有涩味，如菠菜，用开水焯一下即可。这样做虽然会流失些营养，但熟的蔬菜你可以吃下更多。蔬菜生熟搭配吃是最好的选择。

5种调味品满足基本需求

在调味品的选择上，我建议你这21天只选这5种调味品：橄榄油、椰子油、食用海盐（以下简称海盐）、黑醋、黑胡椒粉。这些调料准备起来简单，它们也能满足大部分的烹饪需求，当食材新鲜有品质时，其实不需要添加太多的调味品就已经很美味了。

低温炒菜、拌沙拉时可以用橄榄油，高温炒菜时可以用椰子油、猪油。

最简单又健康的调味品是油醋汁，制作方法如下：准备一个瓶子，在里面倒入橄榄油和黑醋各一半，加少量海盐，也可以加柠檬汁和香菜末，调制好一瓶放冰箱里可保存15天左右。

当然，如果你喜欢下厨，也可以开发多种口味，只要你选择的调味品中没有糖、酱油、乳制品这三类，其他香料均可以尝试添加。比如说，我就发现了大蒜盐、七味粉这两种调料，给我的21天瘦身修心之旅增加了很多乐趣。而读者中一些来自四川的姑娘，更是把香料和辣椒用得得心应手。

激素瘦身食材清单

凡是出现在以下清单上的食材，均是这21天内你可以适量摄取的。有益又减脂的食材很多，这些均是挑选出来效果较好的，我列出来方便大家挑选。不一定全面，但够用了。

经常有朋友问我某个食物好不好、能不能吃，这个问题好难回答。评判一种食物好不好，要看评判标准是什么，比如说红薯当然会比白米、白面更健康且有利于减肥，但红薯也是高淀粉、高 GI 值的食材，在这一点上红薯就不如食谱中的小扁豆了。

我们的胃只有一个，它的容量是有限的。所以，吃得对很重要。不要太贪心，以下清单上的食材已经足够你进行好几次愉悦的 21 天瘦身修心之旅了。这也基本上是我现在的饮食清单。

1. 肉、蛋、水产类

三文鱼	银鳕鱼
金枪鱼	沙丁鱼
鲈鱼	虾
生蚝	扇贝
青口贝	土鸡
土鸭	土鸡蛋
土鸭蛋	鹌鹑蛋

2. 蔬果类

菠菜	西蓝花
花椰菜	羽衣甘蓝
紫甘蓝	卷心菜
小白菜	小油菜
生菜	黄瓜
番茄	芦笋

四季豆	豌豆
香菇	柠檬
牛油果	

3. 豆类

小扁豆	黑豆
红豆	鹰嘴豆

4. 食用油

橄榄油	椰子油
棕榈油	澳洲坚果油
芝麻油	

5. 坚果类

扁桃仁	开心果
葵花籽	南瓜子
芝麻	核桃

6. 调味品和其他

海盐	黑醋
红酒醋	苹果醋
泡菜	酸菜
辣椒	蒜
姜	葱
香菜	肉桂
花椒	

21天心情日志

以下的日志，基本上是以 3 天为一个单位，详细描述了从开启瘦身修心之旅的前一天到结束瘦身修心之旅后的第 1 天，人们普遍会有的不同心情和体验，以及我和朋友们的过往经验。你需要提前了解一下，在接下来的这段日子里可能会出现的问题和解决方案。提前做好充分的物质和精神准备，这样这 21 天瘦身修心之旅的成果才有保证。

当然，每个人的身体情况差异较大，各自的目标也不一样，所以体验自然会不同。我下面写出的体验和建议是多数人都可能遇到的，希望能给你的 21 天瘦身修心之旅提供一些帮助。

开始前一天：准备启程

体验和心情：

对 21 天瘦身修心之旅即将开始感到兴奋并有一些紧张。

忙碌地准备着 21 天瘦身修心之旅所需要的食材和用具。

也许还有一些担心自己无法坚持下来的焦虑。

我的建议：

一定要提前准备好接下来几天要用的食材。

再次检查厨房和冰箱，清除掉在接下来的 21 天里你不需要的食物。

从今天开始，填写你的 21 天瘦身修心日记。

第 1~3 天：初次体验

体验和心情：

好像没有什么感觉。

总是会感觉饿，并出现一些低血糖的症状。

有可能会有一些心悸。

大多数人会在第 3 天开始感觉有些难熬。

我的建议：

1. 不要因为减肥就不敢吃东西，我前文列在清单上的蔬菜、豆类你都可以放心吃，不要害怕你可能会吃得比平时还要多。

2. 心悸可能是脱水、少盐引起的，你可以用海盐冲些淡盐水服下，保证自己多喝水。

3. 如果你还是感觉自己身体上有很明显的不适，建议停止。

第 4~6 天：开始上手

体验和心情：

开始适应了。

好像不那么想吃零食了。

感到开心或者有点担心，因为你会惊叹"天啊！我怎么会减得这么快！"

我的建议：

1. 前几天体重下降很快，大部分是因为低碳水化合物的饮食会让身体排水，后期逐渐慢下来，才开始燃烧脂肪。

2. 在这 21 天里你不仅要瘦身还要修心，不断练习"觉察"是不焦虑的关键，请好好体会身体的变化。

第 7~9 天：有些难熬

体验和心情：

会有些开心，因为自己竟然已经坚持了一周。

想吃甜食、水果、火锅……

有些焦虑"接下来的两周该怎么熬?"

我的建议:

1.在第 7 天给自己一个小小的奖励,可以给自己买一件小礼物或者吃 1~2 种你喜欢吃的食物,这样你会更容易坚持下去。

2.注意:要在这一天准备好下一周的食材,这是使 21 天瘦身修心之旅成功重要的一环。

3.相信自己能坚持下来。

第 10~12 天:感觉很棒

体验和心情:

没有那么想吃甜食了。

21 天瘦身修心之旅已经进行到一半了,感觉很棒。

你可能有些吃腻食谱上的食物了。

可能会有一些腹胀或者便秘。

我的建议:

1.是的,你已经能感受到自己对很多食物不再那么渴望了。

2.你可以尝试我在食品清单上列的其他食材,或者改变一下烹饪方式。

3.本章"常见问题解答"中,你会找到关于便秘的解决建议。

第 13~15 天:发生改变

体验和心情:

你感到减肥真的没有那么难、那么痛苦。

一周称一次体重、体围,看到自己的变化感觉真好。

你甚至开始爱上下厨了。

感觉自己精力很好,更加有活力。

我的建议：

1.健康的减肥，不是短时间内用极端的方法让体重降下来，而是养成良好的饮食、生活习惯。

2.这21天以后即使你不能天天亲自下厨，坚持每周3~4天给自己做健康餐，慢慢你会看到效果的。

3.在第14天的时候，也给自己一个小奖励吧。

第16~18天：接近成功

体验和心情：

感觉自己的腰围明显变小了，这一点在穿裙子和裤子时感觉最真切。

21天瘦身修心之旅就快结束了，你已经习惯了这种健康的方法，感觉以后也可以一直这样吃下去。

我的建议：

1.相信我，比起体重秤上的数字变小，身体和心理上的改变才是更重要的，过分关注体重反而会让你焦虑。

2.认真回顾戒除某些食物带给你的变化，想想自己身体上的感觉，这有助于接下来你恢复正常饮食。

第19~21天：完美结尾

体验和心情：

我做到了！我太棒了！

一想到明天没有了饮食安排，感觉有些茫然，我接下来该怎么办呢？

"哈哈哈，我想吃……"

我的建议：

1.请尽情地自豪、兴奋，因为你已经成功地坚持下来了——这21天的瘦身修心之旅！

2. 冷静下来回顾你这 21 天的生活，参考第二章第 3 节，找到适合你的不发胖生活，规划你未来的饮食。

3. 当然，你也可以继续开始第 2 个 21 天。

第 22 天：新的开始

体验和心情：

我的体重、体围都达到了目标。

尽管我离目标还有一点距离，但感受依然棒极了！

我终于又可以吃回甜食了！但为什么吃了这些甜品我反而觉得有些恶心？

我的建议：

1. 完成你的 21 天瘦身修心日记，体会成就感。

2. 是的，如果你再大量吃甜食，反而会觉得身体上有些不适，这是我的亲身体验。

3. 从今天开始，把你想要加回来的食物，逐一用前方教你的 3 天食物评估法进行测试。

迈开腿不如管住嘴

运动的减肥效率远比你想象中低很多。

很多人都以为，只要运动就能瘦下来。但越来越多的科学研究表明：运动减肥不一定靠谱，"七分靠吃三分靠练"说得一点不为过。控制饮食对体重影响很大，而运动带来的体重减轻远没有你想象中那么高效。

在饮食安排妥当的前提下，你可以适当进行一定强度的运动，开始时体重会有所减少，但减少的量并不明显。这便是为什么很多减肥训练营主要是帮你控制饮食，或者推销减脂代餐。即使运动强度远超常人的专业运动员，也需要通过饮食来控制体重。

运动不一定让人减重，但会让人更健康和有活力。运动的主要目的在于锻炼你的肌肉，要想增肌，只靠控制饮食是做不到的，而且节食还会让你损伤肌肉。运动可以增加胰岛素、瘦体素分泌的敏感度，改善新陈代谢，降低血压和血液中的甘油三酯，降低患 2 型糖尿病、中风、心脏病和阿尔茨海默病的风险，并且还有帮助人舒缓压力等好处。[5] 总之，运动是一种神奇的药，只是它对有些人群减肥的影响很有限。

为什么运动减肥效率不高？

近年来，在美国、日本多个专家的著作中都有提及此类的观点：人身体内的化学反应是很复杂的，1 千克脂肪的热量大概等于 7700 卡路里，但并不是你运动消耗了 7700 卡路里，就能减掉 1 千克脂肪。

事实上，我们通过运动燃烧的卡路里，相对我们吃进去的热量，只是一小部分。美国国立卫生研究院的一位研究人员曾发表过一篇文章，在文章中他介绍了人身体上能量消耗的 3 个部分，其中基础代谢占 60%~80%，消化吸收食物约占 10%，其他的活动根据个人情况占 10%~30% 左右。[6]

1. "体内平衡"机制，动得多食欲也容易增加

我们消耗了多少能量，身体会自动帮我们补回来多少，这是身体的本能。

比如说，冷的时候我们的身体会发抖保持温暖，热的时候会流汗降温。如果发抖没用，你会去穿衣服；很热的时候，你会脱衣服。这些行为甚至不需要你思考，身体会发出信号提示你行动。在运动和饮食上也是一样的。

所以，运动后我们通常会食欲大增，运动的强度越大，我们越容易饿，因为大脑会"催促"你赶紧把消耗掉的热量都补充回来。"体内平衡"的机制会坚持帮我们找回失去的热量，让热量的"支出和收入"保持平衡。

那么运动后克制住不吃东西，是不是就会瘦？当然，一定会。但即使你开始克制住了，却很难长期坚持下来。

运动消耗热量后，人体对热量摄入的需求也会比不运动时大，我们更想吃

甜食和淀粉类食物。而这些食品又会增强我们对食物的渴望，环环相扣，最后更容易导致我们暴饮暴食。

2.吃了蛋糕靠运动消耗热量？反而会造成营养不良

我们总想着吃了美食后用运动"弥补"，当运动还没消耗太多卡路里的时候，就已经让人产生成就感了。这也是我曾经的心态：虽然蛋糕、饮料都会让人发胖，但我吃完喝完后，通过运动消耗掉热量不就行了吗？

但真的不行。我们吃进去的热量，是没办法通过运动一笔勾销的。运动虽然能消耗热量，但也会导致我们体内蛋白质不足，同时消耗我们体内的微量营养素，包括维生素和矿物质。

而蛋糕、饮料这些高糖、高淀粉和高脂的加工食物，几乎不含蛋白质、维生素和矿物质，反而会让我们营养不良，更不利于减肥。

3.增肌提高基础代谢能瘦吗？

提高基础代谢对减肥有一定的帮助，但效率也不高。最新的研究表明，我们的基础代谢中，肌肉能量消耗其实只占18%，内脏脂肪能量消耗高达80%，占了基础代谢的绝大部分，而这部分是我们平时很难有意识控制的。[7]

而且，增肌并不容易，尤其是对女性来说。即使增加了1千克的肌肉，基础代谢也只是增加了几十卡而已。

所以说减肥单靠运动很难瘦下来，一是你吃进去的能量无法通过运动完全消耗，二是运动"解放"了食欲，反而让你吃得更多。单从减肥的效率上看，调整、控制饮食的效果会更明显。日本著名的健康教练森拓郎就曾经写过一本名为《运动饮食1:9》的书，我亲身实践了书中的方法，确实对我产生了比较大的影响，如果你有兴趣的话，也可以找来阅读一下。

当然，运动对减肥也有一定的帮助。比如说，运动会使我们的身体加速分泌生长激素和肾上腺素，从而促进我们体内脂肪的燃烧等；当你减肥成功后，运动也可以帮助你保持体重。

想减肥，别慢跑

现在跑步的人越来越多了，这种运动方式简单方便，没什么门槛。我也曾夜跑过，但坚持了一段时间就放弃了，因为膝盖出现了问题。

我不反对慢跑，慢跑也有它的好处，但慢跑的减脂效率并不高。如果慢跑可以让你放松的话，那就去吧。如果你只是出于减肥的目的，其实并不喜欢这项运动，那么你完全可以不跑步。如果你体重基数较大，或者膝盖有损伤，那更加不建议你跑步了。

1. 跑步更容易加速肌肉分解、"消耗"肌肉

跑步其实会消耗掉你的肌肉能量，也会导致新陈代谢减慢。过量跑步会让你的身体释放出皮质醇，这是一种压力激素，它会把肌肉分解成氨基酸，并转化为葡萄糖。[8]

2. 好看的体形和慢跑没关系

健康又好看的运动体形，一般都属于短跑选手、体操选手、攀岩者和舞者。只有经常做短时间性的激烈运动，每次都竭尽全力、气喘吁吁，才有可能塑造出好看的体形。

慢跑也不会增加我们的体力或体能，它只会训练我们的肌肉能忍受运动量更大的慢跑。不光是慢跑，骑自行车、快走……这些运动都有乐趣，但对于减肥和塑造体形并没有很大成效。

你可能会问，长跑运动员不是都很瘦吗？这个问题就跟"姚明是打篮球变高的吗"一样，与其说是运动的功劳，还不如说是父母的遗传基因起到了主要作用。因为这项运动需要这种特定体形的运动员，而高强度运动又强化了这种先天因素。

当然，也有很多跑步的朋友，保持着健硕的身材。这是因为他们消耗的是吃进去的食物、补剂的热量，而不是脂肪。

别把减肥当成运动的目的

如果把减肥当成运动目的，你很难长期坚持运动。我曾经有过几次失败的经历，我也见过太多人办过健身房的年卡，买过私教课，从开始强迫自己天天去健身房，变成隔天去，到后来就不了了之了。

1. 节食的同时进行锻炼

如果你一边节食一边运动，能量摄入过低，运动起来就会很困难，更别提

乐趣了，这种情况下，运动更成了一件苦差事。

如果你的减肥方式是节食加上运动，大量运动后又拼命抑制食欲，那么，运动对你而言只会有糟糕的感觉——你会觉得身心俱疲。当节食失败时，你更加不想坚持运动了。

2. 希望越大失望越大

如果你不喜欢运动，是为了减肥强迫自己运动，那么你会很容易放弃。前文说过，运动的减肥效率并不那么高，身体的改变也需要时间。当你付出了时间和精力，却没有体验到运动的乐趣，只感受到辛苦，也没有看到体重明显的下降时，你就会灰心丧气，进而放弃。

事实上，当人在增肌时体重也会降不下来，但你的体围会有相应的变化。运动也会让肌肉内积蓄水分，从而让体重增加。

3. 压力过大也难坚持

能够长期坚持下来的习惯，一定是你的日常生活已经适应了那种节奏，你做起来并不勉强。

但为了减肥才去运动，经常需要强行改变我们的生活节奏。我们总是刻意挤出时间去运动，通常这段时间占用的还不短。我们的内心深处总希望着这只是暂时的，运动中总是想着"我要减肥"。

过多改变以前的生活习惯，逼着自己增加运动的时长和强度并不合理，只是为了减肥而运动，反而给自己更大压力，几乎没有长期坚持下去的可能。

别把运动想得太严肃了

千万不要把自己的运动量的标准定成一定要满头大汗，隔天还会肌肉酸痛这样的。对于平时运动少的人来说，突然做剧烈运动很容易受伤。勉为其难去做运动，也不容易坚持。

运动不只是去专门的场地进行户外的体育活动或者去健身房锻炼，也包括日常的身体活动。平时上下班路上做些有氧运动也能消耗一部分的热量，累积下来也有个很可观的消耗量。另外我们可以提醒自己坚持这 3 个原则：能走就不站，能站就不坐，能坐就不躺。

如果你不追求一定要有马甲线、人鱼线，而是想保持健康、顺便减肥，那么你完全可以靠提升日常活动量来达到你的目的。

我们的日常生活中，有很多轻松增加活动量的方式。比如说，公司离家比较近的人可以选择骑车或步行上下班；住得离公司比较远的人也可以早一站下车，多走一小段路；平时上楼我们可以不搭电梯，多走楼梯；每周给自己的家和办公桌多搞几次清洁；饭后去散步……

这些活动都可以让你的身体得到运动，又不会占用你太多时间，一般人都可以做到。

过度运动不利于减肥和健康

就和营养学讲剂量一样，凡事也都要有度。运动是好事，但过度运动，不仅不能帮助我们减肥，而且不利于我们的健康。

频繁去健身房、每天跑步，一段时间后却发现体重上升了？是的，过度运动反而会加速我们身上的肌肉流失，降低身体的新陈代谢效率，而且过大的运动量会让你吃得更多，从而影响减肥的进度。

过度运动也会让我们体内产生大量的活性氧。活性氧会让身体"生锈"，加速老化。年轻的身体有足够的酶能转化成活性氧，但随着年龄的增长我们体内的这些酶会逐渐减少。[9]

我不建议肥胖的人或平常不太运动的人偶尔去做剧烈运动，这对减脂没什么帮助，还会给心脏造成负担。

适合懒人的运动清单

我非常建议大家养成良好的运动习惯，但每个人都要根据自己的情况，找到适合自己并且自己喜欢的运动方式。不要把减肥当成目的，而是要把减肥和运动分开，关注锻炼身体后的感受，而不只是关注"我今天瘦了几斤"。

我也经历了从完全不运动，到找到了自己的锻炼节奏的过程。从一天到晚"家里坐""公司坐""到哪儿都坐"的典型"沙发爱好者"，到现在每周 2~3 次 CrossFit 综合体能训练，我已经坚持了一年，并且受益匪浅。

现在我已经不再在意运动消耗了自己多少卡路里，而是注重感受运动前后身体和精力的变化。运动使我更有力量，精力充沛，感觉自己能更好地应对压力，而不像以前一样烦躁不安，通过吃东西来减压。

对于大部分朋友而言，如果你不是狂热的运动爱好者，甚至还处在"沙发爱好者"的阶段，不愿意动弹，那么接下来我推荐的 3 种运动方式：快走、肌肉训练、拉伸，只要你能够坚持，就已经够用了。以下介绍的运动方式均徒手可完成，这样也会让你避免因为健身器材使用不当而受到伤害。

这 3 种运动方式，你可以根据自己的情况选择，也可以根据运动的原理自由组合。但无论如何，要避免运动中伤害到自己。

CrossFit 综合体能训练

CrossFit 综合体能训练是 2000 年发展起来的，起源于美国，它是把田径、体操、举重等各种运动的训练方式混合在一起的短时间、高强度、间歇性的训练。目的是提高综合身体素质，包括心肺功能、耐力、灵活性、爆发力等等。

在 CrossFit 训练的场馆里，你看不到跑步机、椭圆机和组合器械，只有杠铃、壶铃、药球、划船机和一些组合架等，与传统的健身房有很大不同。

另外一个让我喜欢上运动并坚持下来的原因，是 CrossFit 的训练氛围。一群志同道合的队友一起学习和训练，互相鼓励和促进，让我的动力源源不断。

CrossFit 在国内还在推广阶段，但在大中城市都有场馆。一起训练的队友，在国内、国外出差时，会找到当地的场馆参加训练，那也是很有意思的体验。

有氧运动中尤为有效的是快走

快走这种轻松的运动不会给身体造成太多负担，还能改善身体状况。而且没有场地或者着装的限制。不需要特意换上运动衣、运动鞋，只要穿走路舒服的鞋子就可以了。

我建议你上下班、外出多步行，在办公室坐一段时间后就起身四处走动下，午休时爬爬楼梯，平时多做些家务，给自己多创造一些运动机会，你会发现一天走够 8000~10000 步并不难实现。

普通人快走最理想的状态是每分钟可以走 120 步。健步走时，我建议你按照自己觉得有点吃力的标准来做，这样就能收到效果了。有点吃力的标准，是指比平时走路稍快，而且呼吸节奏也比平时快，比如走 5 分钟就会出汗，走

10 分钟小腿前部肌肉会感觉稍有点疼痛。

如果一天走不到 8000 步，也不用焦虑。每周选 2~3 天，每天走上 30 分钟。最重要的是坚持下去，慢慢养成习惯。

越胖越适合步行的运动方式。和正常体重的人相比，肥胖人士在运动时要承受体重的负担，每一次都犹如负重锻炼，容易受伤。而快走就没有这种风险了。

"间隔快走法"也能锻炼肌肉

正常速度的步行也会降低血压，血液也会在一定程度上变得通畅，但正常速度走路对肌肉刺激不强，没有办法使得热量流失。不是说完全没有效果，只是无法起到锻炼肌肉力量的效果。[10]

日本专家推荐"间隔快走法"，感到稍稍吃力的快走和通常速度的慢走每隔 3 分钟交替进行。这种方法会让肌肉承受比普通步行更大的负荷，大腿的肌肉力量和持久力都会有提升。[11]

运用肌肉控制后腿，可以提高锻炼效果。比如说，前腿向前迈步落地时，会逐渐被动成为后腿。这时，可以在前腿落地前，用力使它与地面接触，这样臀肌和肌腱会自动收缩，可以消耗双倍的卡路里。

在下图中，大家可以看到正确的快走姿势。主要注意以下几点：

抬头挺胸，下巴收起，看向远处。

双肩放松，挺直后背。

胳膊肘弯曲，手臂前后大幅摆动。

腿伸直，步幅尽量大，脚跟先着地。

图4-1　"快走"姿势示意图

"间隔快走法"：

慢走（3分钟）+ 快走（3分钟）为1组，1天5组；

每周坚持4天以上（含4天），累积运动时长不少于2小时；

先进行3~5分钟散步作为热身，让肌肉稍微活动升温后再快走会更有效率。

女性更应该做肌肉训练

大部分的女性，都只用体重的多少来衡量自己的身材。事实上，隐性肥胖更麻烦，有的人体重不超标，体脂率和内脏脂肪却"爆表"，这样会损伤内脏功能，增加患疾病的风险。

如果不怎么运动，肌肉量会以每年1%左右的速度逐渐减少。即使体重一直不变，但肌肉被脂肪取代，你也会不知不觉中长了一大坨肉。身体也会因为得不到肌肉支撑，出现腹部、臀部、胸部、手臂肌肉松弛下垂的情况。

男女体内生成肌肉的激素分泌量相差近10倍，所以女性完全不用担心肌肉训练会让你变成"金刚芭比"。

维持肌肉量，让肌肉紧实的方法，就是进行肌肉训练。组成肌肉的细胞叫作肌纤维，形状细长，看起来像纤维一样。我们做运动训练，肌肉承受负荷的时候，这些肌纤维会出现些微的损伤。之后当我们给身体提供"休养"和"营养"，损伤不但会修复，我们还能变得比之前更强壮。不管你多少岁，只要加以锻炼，给肌肉适当的刺激，就能让肌肉变得更紧实。[12]

肌肉训练主要是平时所说的力量训练，又分为徒手训练和器械训练。如果你可以寻求专业教练的指导，那当然好，会确保你的姿势正确，但在家里也能轻松进行，运动的关键在于简单和坚持，在家锻炼反而更容易实现。

移动互联网时代工具很多，也很方便。可以下载手机运动软件，上面都有详细的教程，不仅有动作要点、示范，还有排好的课程，适合有不同运动需求的人。如果你选择自己在家训练，下面两点会帮到你。

1. 做起来不吃力的动作，通常并不正确

判断动作是否正确，有一个比较简单的方法，就是看只做 1 次这个动作后，有没有感到吃力。感觉吃力代表姿势正确，能轻松完成很多次的动作，往往是用了错误的姿势。你也可以照镜子或者让家人、朋友用手机拍下你运动时的照片，观察自己的动作是否标准。

2. 比上次训练多 1% 的强度

想要提升训练效果，就要加大运动强度，即使比前一次多一点点也好，1% 就够了。当你感觉"有点吃力，今天已经做不下去了"，再做 1 次就可以了。

习惯某项运动后，要懂得变化。经常做同一项运动，身体会产生惯性，运动的效果会减弱。这是因为我们的疲劳程度降低了，以及总是使用同样部位的肌肉而增强了那部分肌肉的力量。这个时候，可以通过增加运动次数、负重等增加运动的强度，或者改变运动的方式。

每天7分钟做4个动作

深蹲、俯卧撑、仰卧起坐、波比，4种爆发性运动任意组合，只要能尽量活动到所有肌肉即可。这4种运动做起来简单方便，每天几分钟的肌肉锻炼，坚持下来也能收到锻炼肌肉的效果。这4个动作，平时不运动的人，可能每个做10次就会感到肌肉酸疼。等肌肉练出力量后，可以适当增加次数，每个做30~50次。

1. 深蹲

双脚平行跨开，距离稍微比肩膀宽；双手向前伸直，挺直背部站好；慢慢将臀部放低，想象后面有一张椅子，膝盖弯曲。这个动作可以光脚做，也可以穿平底鞋做。

注意要一直挺直腰背，膝盖和脚尖保持在相同方向。膝盖要保持在脚踝前面一点点的位置，而小腿几乎是与大腿垂直的。开始练习时，面对一根竿子或墙壁能帮助你尽快找到动作要领，我就是通过扶着墙深蹲找到了臀部和大腿发力的感觉。站在竿子或墙壁前面15厘米处，脸和墙壁或竿子之间保持固定距离，不要一直向前倾。运用手臂来平衡身体，双手交叉在前方。

图4-2　深蹲示意图

2. 俯卧撑

一般俯卧撑、跪姿俯卧撑、靠墙俯卧撑，这 3 个动作是逐步降级的。女性的上肢力量通常比较弱，我就是先从靠墙俯卧撑开始练习，逐渐过渡到跪姿俯卧撑的。靠墙俯卧撑还有一个好处：不受场地的限制。不管是在办公室还是在家里，都可做，只要有墙就行。

靠墙俯卧撑：将双脚并拢，双手撑在墙上，背部挺直；手肘弯曲，脸慢慢向墙靠近；之后伸直手臂，回到原先的位置。跪姿俯卧撑：俯下身的时候注意手肘贴近身体，手与肩膀保持在同一高度。手放的位置越高、撑起的动作越快，就越轻松。俯下身后保持手掌贴近肋骨，放慢还原的速度，避免运用爆发力，那样达不到理想的锻炼结果。

图4-3　靠墙俯卧撑示意图

瘦身，重启人生

图4-4　跪姿俯卧撑示意图

图4-5　一般俯卧撑示意图

3.仰卧起坐

屈膝躺好，脚底平贴地面，两只手臂在胸前交叉。如果有人能按住你的双脚跟更好，保持脚底平贴地面，双膝弯曲，慢慢地坐起来，收紧臀部，收缩大腿后肌，好像试着要把脚跟拉向臀部一样。注意不能靠双手或肩颈的力量抬起身体。我刚开始练习这个动作的时候总觉得脖子疼，就是用力用错了地方……

刚开始的时候，可以在背后放一个靠枕或者健身球。能够完整连续做10下后，可以降低垫背物的高度。经过一段时间的练习，就可以渐渐拿走垫背物了。

图4-6 仰卧起坐示意图

4. 波比健身运动

又叫俯蹲后撑腿，是由美国生理学家波比发明的。这是徒手运动中特别耗体能的一个项目，被称为"杀手级别"的。[13] 和其他的运动相比，波比会用到更多肌肉，拉伸、深蹲、伸展、跳跃……这些动作都包含在里面。在几分钟内，让你完成一套全身性动作，很快你就会觉得筋疲力尽。

波比有6个步骤：

（1）打开双腿，与肩同宽；

（2）蹲下后双手贴地，手臂一般放在膝盖的外侧；

（3）双脚向后踢伸，呈现俯卧撑里的"卧撑"姿势；

（4）压低身体成为"俯卧"姿势；

（5）然后退回"卧撑"姿势，用反推力把双腿往前缩回，恢复到深蹲的姿势；

（6）向上跳跃，双脚离地。

还有一种低阶版波比，共有4个步骤，是将上面（3）（4）的俯卧撑动作省略掉。

图4-7　波比动作示意图

怎样组合运动更有效？

　　Tabata 间歇训练是一位日本教练于 1996 年研发的高强度训练方式，这项运动花费的时间少，但效率却很高。它是进行 8 次 20 秒全力以赴的训练，每做完 20 秒，休息 10 秒，一共进行 8 次。训练项目包括短跑、跳绳、骑单车、波比、俯卧撑、深蹲等，每次进行 Tabata 间歇训练你可以只做一种或混合几种不同的运动方式。[14]

　　做完一套完整的 Tabata 间歇训练是很辛苦的，如果刚开始你做不到，有两个调整方法：一是将原本 10 秒休息的时间延长一些，二是减少每组运动的次数，然后逐步缩短休息的时间和增加休息次数，直到你能完成一套完整的训练。

　　运动清单一：

　　第 1 组：20 秒全力跳绳（或者波比或俯卧撑或深蹲等），10 秒休息

　　第 2 组：20 秒全力跳绳（或者波比或俯卧撑或深蹲等），10 秒休息

　　第 3 组：20 秒全力跳绳（或者波比或俯卧撑或深蹲等），10 秒休息

第 4 组：20 秒全力跳绳（或者波比或俯卧撑或深蹲等），10 秒休息

第 5 组：20 秒全力跳绳（或者波比或俯卧撑或深蹲等），10 秒休息

第 6 组：20 秒全力跳绳（或者波比或俯卧撑或深蹲等），10 秒休息

第 7 组：20 秒全力跳绳（或者波比或俯卧撑或深蹲等），10 秒休息

第 8 组：20 秒全力跳绳（或者波比或俯卧撑或深蹲等），10 秒休息

组合动作，动作重复、数量递减。

波比、俯卧撑、深蹲、仰卧起坐，将这 4 种爆发性运动，任意组合，只要能够尽量活动到所有肌肉。

运动清单二：

第一轮：8 次俯卧撑、8 次仰卧起坐、8 次深蹲、8 次波比

第二轮：6 次俯卧撑、6 次仰卧起坐、6 次深蹲、6 次波比

第三轮：4 次俯卧撑、4 次仰卧起坐、4 次深蹲、4 次波比

也可以进行以下的组合：

4 种不同的运动，分别各做 10 次、8 次、6 次，合计 96 次。

3 种不同的运动，分别各做 9 次、7 次、5 次，合计 63 次。

需要注意的是：以上运动要快速进行，每一轮之间休息间隔尽量短，不要让自己有喘息的机会。在 3~7 分钟的时间里，让自己处于高强度的运动状态里，尽量把每个动作都做到标准。这种运动方式不仅能训练肌肉力量，还能提高心率。

运动前必须热身，可以做一些和接下来的运动动作相同但强度比较小的动作，譬如在进行波比或深蹲前，可以先做几个缓慢的波比动作或下蹲。这样可

以帮助你活动肌肉，防止后面运动时受伤。

放松身体，舒缓压力的拉伸运动

运动前后都少不了拉伸。在运动前拉伸可以让肌肉和关节放松，使我们更好地进行肌肉锻炼或者有氧运动。运动后的拉伸则可以缓解肌肉的疲劳，让血液循环更顺畅。拉伸运动还可以缓解压力，帮我们稳定情绪，平衡身体里的激素。

拉伸时需要注意的是，不着急，慢慢伸展，把注意力集中到伸展的肌肉部位，同时进行缓慢的深呼吸。当你在办公室久坐感觉累了时，或者每晚洗完澡时，都可以花上几分钟进行拉伸运动，舒缓压力。

拉伸动作 1：

身体呈站立姿势，一只手扶着墙壁或椅子，另一只手将脚后跟提到臀部位置。注意手握住脚趾，尽量使脚后跟贴近臀部，拉伸大腿前部。每一侧做 5 次，这个动作主要是缓解腿部疲劳。

图4-8　拉伸动作1示意图

拉伸动作 2：

这个腿部拉伸动作，无论是站着、坐着，还是躺着都可以进行，也没有场地的限制，在办公室或者家里你都可以做。如图 4-9 所示，坐在椅子上，后背挺直，两手握住单侧腿的膝盖下方 10 厘米的位置，把腿抬起靠近胸部，保持15 秒。再换另一侧的腿，保持 15 秒。

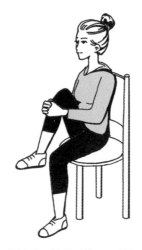

图4-9　拉伸动作2示意图

拉伸动作 3：

如同伸懒腰的动作。两臂上抬，左手拉住右手，上半身先向一侧弯曲，感受到腹部两侧肌肉伸展开，保持 15 秒。反方向再拉伸 15 秒。

图4-10　拉伸动作3示意图

拉伸动作 4：

这个动作适合在家时进行，可以帮助你缓解下半身的疲劳。上半身向前倾斜，双脚掌尽量靠近，脚底相对，保持 20 秒。

图4-11　拉伸动作4示意图

拉伸动作 5：

这个动作也是缓解下半身疲劳的，但和拉伸动作 4 不同。你需要将上半身向前倾，双腿张开，双手尽量向前伸，后背不要弯曲。保持 20 秒。

图4-12　拉伸动作5示意图

拉伸动作 6：

两腿尽量张开呈 90 度，左侧胳膊上举，上半身向右倾，右手向左脚方向伸展，保持 20 秒，换左手向右脚方向伸展，保持 20 秒。这个动作主要是拉伸上半身。

图4-13　拉伸动作6示意图

拉伸动作 7：

坐在地上，双脚向前伸，双腿弯曲，上半身向后倾，拉伸腹肌，双手撑地。保持这个姿势，头可以前后左右轻轻摇摆。这个动作主要也是拉伸上半身。

图4-14　拉伸动作7示意图

运动的 4 个温馨小提示

1. 每周运动 2~3 次

不管是从效率还是从长期坚持的角度来看，每周运动 2~3 次都是比较好的选择。每周训练 2 次会比只训练 1 次的效果明显，但 3 次和 2 次的区别并不太大。肌肉训练后需要 24~48 小时的时间恢复，如果每天都运动，肌肉始终处于疲劳状态，肌肉量不会增加，这样的状态也很难坚持下来。

2. 运动前后注意要补充能量

运动时肌肉的分解会比较剧烈，不补充能量只会让肌肉功能减退。运动前 1 小时和运动后，可以补充些蛋白质，像鸡胸肉、虾、鸡蛋等。如果运动强度比较大，主要目的是增肌，可以补充些慢速碳水化合物，像红薯、糙米、藜麦等。并且还需要补充维生素和矿物质，因为这些很容易在运动时流失，但却是维持人体代谢的重要养分。女性首要补充的矿物质是铁。

3. 运动中要补充水分

只流汗不会瘦，过度排汗反而会降低运动品质及减慢身体的代谢速度，大量排汗会消耗掉我们体内的水分和矿物质。运动时一定要补充水分，脱水会让运动效果变差，并使肌肉提前分解。普通人的运动强度不大，喝水就足够补充回身体流失的水分了。

4. 晚上不要进行剧烈运动

睡前做剧烈运动，会干扰睡眠。劳累了一天，你的身心已经调整到"待机模式"，准备舒舒服服睡一觉了。结果你突然开始运动，身体又切换回活动模式，就不会想睡了。我建议在睡前2小时可以做些散步之类的活动，但要避免剧烈的运动。

如何突破平台期？

减肥的过程中，每个人都会遇到平台期，原因各异，时间节点也不同，但体重就是停留在一个数字上不降了。我们的身体有自我保护机制，每个月体脂率降低的速度，会随着时间的推移而越来越慢，越往后也越不容易减掉体重。关于这个问题，我们要正面看待，这说明你比以前瘦了，身体在慢慢适应现在的状态，启动了"保护机制"。

当你事先有了这样的心理准备，就不会在体重开始下降时过于开心，也不会在后期遇到平台期时沮丧放弃。我在进行第 1 个 21 天瘦身修心之旅中，感觉自己很轻松地甩掉了近 10 斤肥肉，但当我进行第 2 个 21 天瘦身修心之旅的过程中，不管饮食还是运动我都做了调整，才勉强减掉 8 斤。

接下来我总结出了突破平台期的 2 个原则、期间面临的 9 个常见问题以及 4 个实用的建议。每个人遇到平台期的原因都不一样，想要突破平台期，一定要找到自己的原因，然后有针对性地去解决。

坚持和改变是突破平台期的2个原则

想要减肥成功，首先要保持一种好的心态，尤其是当你遇到困难、挫折的时候。当你明白了这是一个自我成长的过程，不仅能收获到身体上的改变，也会找到一种更好的思维方式去面对你的人生。记得不要给自己太大的压力，那只会让你更焦虑。要积极面对挑战，去坚持好的习惯、去改变自己，你一定会找到突破平台期的方法。

1. 不要放弃，耐心坚持

很多人在减肥初期，改变了饮食结构，体重下降比较快，但10~15天后，这个速度可能就会慢下来。这个时候如果管不住嘴，重新吃回米面糖之类的食物，体重往往会飙升得很快。这很大程度是由于身体水分增加。此时一称体重发现自己长了几斤，很容易让人崩溃放弃。

这个时候一定要告诉自己，不能轻易放弃。我和网友们交流时常会说，开始时体重下降快，不要太开心，因为减少的主要是水分；忍不住吃了米面糖，一下子长了几斤，也别太担心，因为增加的主要也是水分。

体重管理是女人终生的事业，要有耐心才行。坚持是第一个原则，没有它一切都没有意义。

2. 放开心态，做出改变

调整了饮食和运动后，你会看到体重明显下降。但过了一段时间身体适应后，自然会回到新的平衡状态。这个时候，一定要放开心态，做出改变。

从本性来说，我们并不喜欢改变，但只有改变才是继续前进的唯一途径。

没有解决不了的问题，但如果我们心态不佳，有解决的方法也会看不见。

当你的体重重新维持在一个平衡点上时，要考虑改变饮食、改变运动习惯，从方式到数量、频次等，每个人情况都不一样，如果自己不去仔细记录、分析、思考，想出对策，就无法突破。

也许你遇到的是"假平台期"？

综合网友们的问题，我发现其实很多人并不是遇到了真正的平台期，只是遇到些常见问题。但这些问题如果被忽视了也会影响减肥效率，只有适当作出调整你才能继续瘦下去。

1. 生理期称体重

这真的是引起很多减肥女性焦虑的原因。我经常收到留言和咨询，"为什么饮食、运动习惯都没变，忽然就长了 1~2 斤甚至更多？"。给我留言的朋友体重增长的时间，十有八九是在生理期前的几天。

因为激素的影响，这时女性的身体会储存水分，导致体重增长。生理期来临前 10 天的各项数据，我们都可以不理会，那不能显示真实的情况。不要让短期的体重波动影响你的心情，生理期过后再开始称体重、量体围。

2. 蛋白质吃得不够

从正常饮食转向 21 天瘦身修心食谱，不少朋友还是习惯控制热量，但往往导致蛋白质摄入不足。前文中有提到健康成年人的蛋白质摄入量，按体重计算每千克每天摄入蛋白质 1.0 克，减肥期间可以提升至 1.2 克 ~1.5 克。

你可以根据自己的体重算一下，然后用一些手机软件计算每餐食物里的蛋白质含量，计算过几次后你就能做到心中有数，知道自己有没有摄取到足够的蛋白质。每一餐都至少要有 20 克的蛋白质，包括早餐。

3. 水喝得太少

女性膀胱体积较男性小，也更敏感，水喝多了会频繁去厕所。但我们工作一忙碌起来，或者想到出门在外上厕所不方便，经常就容易喝水少。

身体缺水，会让身体误以为是饥饿，导致我们多吃东西，激素的分泌也有所升高。蛋白质的消化和吸收、脂肪的分解，都需要大量的水。喝水多、排尿多，更能让我们把身体消化食物后的废物排出体外。

如果肠胃功能正常又较肥胖的朋友，可以在就餐前 30 分钟喝 500 毫升的水，有研究表明这能够抑制食欲，减少就餐时的热量摄入，同时暂时性提升身体的代谢水平。

就算不减肥，健康成年人每天也要喝 1500~1700 毫升水。减肥期间，多喝几杯水，确实有帮助。可以买些颜色鲜艳、漂亮的杯子，让喝水变得愉悦起来。

4. 不吃早餐或早餐吃太晚

很多人早上一起床，就忙着洗漱、化妆、上班，早餐能省就省了。但对于减肥的朋友来说，早餐很重要，它是一天食欲的开关。不吃早餐，容易导致中午吃下过量的食物，刺激血糖和胰岛素升高。即使中午吃得很饱了，胰岛素也会让你食欲大增，下午时就会想吃零食了。

想要更快减肥，就不能让血糖值一天内起伏太大。起床后半小时到一个小时吃早餐，可以维持血糖的稳定，让它不会有太大波动。

5. 吃饭狼吞虎咽

身体吃饱的信号传递到大脑需要 20 分钟，如果吃饭时狼吞虎咽，很容易让你吃下过量的食物而不自知。午餐和晚餐的用餐时间都要超过 30 分钟，细嚼慢咽，咀嚼次数多，会分泌更多唾液，也能抑制血糖的上升。如果实在做不到细嚼慢咽，可以试试把一餐分成 2~3 次来吃。

6. 坚果、黑巧克力吃得太多

一开始，姑娘们听说减肥可以吃坚果、花生酱、黑巧克力，都无比开心，迅速下单囤货。然而很快，就发现这些食物很可能影响了你减肥的速度。

理论上讲，它们都是对减肥有帮助的，但这些食物最大的问题是容易让人吃了停不下来。像坚果，吃几颗当然很好，可是有时候有的人很难控制只吃一点儿。

当你一不留神抓了一把扁桃仁吃下，有可能已经摄入500多千卡的热量了，比吃一顿饭还多。

所以，我的忠告是，不要高估自己的自控力，如果不能每次只吃一点，就不要把它们买回家。

7. 不敢吃油脂

这个也是不少朋友刚开始改变饮食结构时容易出现的问题，减肥的人一说到脂肪就觉得要少吃甚至不吃。但当碳水化合物摄取量减少时，适当增加优质脂肪，会让我们的身体有较长时间的饱腹感，也会降低我们对淀粉、甜食的渴望。脂肪会比蛋白质更能防止我们的血糖升高。

关于油脂的好处，除了前文提到的它和蔬菜搭配食用，可以让我们的身体更好地吸收脂溶性维生素以外，把健康的油脂类食物当开胃菜，或者在正餐前饿的时候补充，比如说吃一些坚果或者花生酱，还可以增加我们的饱腹感。

8. 过度锻炼

在前文中我有提过，锻炼过度会加速肌肉分解，还会让你吃下太多东西，从而拖慢减肥的速度。运动当然好，但如果1周7天都在健身房，或者天天都去跑步，也可能出问题。

肌肉训练每周2~3次就可以了，另外，如果你运动的话，不要只关注体重的变化，更要关注体脂率的变化。

9. 作息不规律，很晚睡觉

哥伦比亚大学曾发表过一篇论文，平均睡 4 个小时的人群肥胖率高达73%。[15]睡得好，身体会分泌生长激素，它在减肥过程中起到非常重要的作用。不仅能消除疲劳，让你第二天起床时神清气爽，而且能在夜间你熟睡的时候分解脂肪。但如果你睡眠时间短或者睡眠质量差，这种激素的分泌量会减少约70%。[16]

另外，相关实验表明，睡得少明显会增进食欲，让人想吃垃圾食品或重口味食物，很容易管不住嘴。

合适的睡眠时间因人而异，1 天的总睡眠时间为 7~8 小时是比较正常的。注意，生长激素是晚上 10 点到凌晨 3 点之间分泌，我建议尽量在晚上 11 点前睡觉。刚睡着的 3 小时必须保持睡眠状态，不要中途醒来，因为前 3 个小时属于深度睡眠，生长激素会在深度睡眠时大量分泌。

突破平台期的4个实战技巧

其实大部分人都能从上面这 9 个问题中找到体重降不下来的原因。但如果上面这 9 个问题你都没有，但体重还是不降，你就是在真的平台期了。在饮食和运动的调整上，还有以下方法供你参考。

1. 减少蛋白质摄入，增加脂肪摄入

减肥过程中如果只采用高蛋白质摄入的饮食方式，摄取的油脂不够，也会使减肥进入瓶颈期。因为蛋白质摄取量过多，也可能会引起胰岛素分泌增加，影响减脂速度。这时可以尝试适当降低一些蛋白质的摄入量，增加脂肪摄入。

不要怕摄入脂肪就会长脂肪，摄入适量好油脂对健康、减肥都有好处。只

要不同时吃进碳水化合物，并不会发胖。但必须注意，增加脂肪摄取量的同时，要减少其他食物的摄取，保持总的摄取热量不变。

我和朋友们都有这样的经验，在饮食中增加了椰子油，直接喝或者放入沙拉中，减少了蛋、肉和豆的摄取，以此来突破平台期。

2. 增加运动时间或加大运动强度，改变运动方式

对于平时很少运动甚至不运动的朋友，增加运动时间是个有效打破平台期的办法。如果已经养成运动习惯，就要加大运动的强度，或者改变运动的方式，总之两个字：改变。

靠运动突破平台期，比调整饮食还需要耐心，需要坚持最少2~4个月，才能看到效果。而且在增肌的前段时间，也会遇到体重居高不下的情况。

当你感到运动效果比以前差，就要开始改变运动的强度、加强刺激或改成新的运动方式。比如增加时间、加快速度、增加负重等，给身体新的刺激。

除了改变运动的方式以外，也可以调整运动的时间，早上运动的效果会比晚上好，可以每天早起半个小时，运动过后再去工作。

但注意增加运动强度的同时不要节食，否则会损伤你的肌肉，虽然短时间内你可能体重会下降，但并不是好的现象。而且运动过度并没有好处，要根据自己的情况，找到合适的运动强度。

3. 间歇性摄入高碳水化合物

这个方法比较适合有高强度健身习惯的朋友。平时可以按低碳水化合物饮食来减脂，在肌肉训练时补充足够的碳水化合物和蛋白质，有利于增肌。

长期低碳水化合物饮食，加上有些姑娘吃的量可能会偏少，身体会警觉地自我保护。试试给身体一个热量的"高峰"，也有机会助你突破平台期。进入平台期后，高碳水化合物饮食1天到2天，这样可能会增长些体重，然后返回

低碳水化合物的饮食模式，通过这样的过程，尝试打破平台期。

4. 轻断食

轻断食也是突破平台期的方法之一。但我不建议工作忙、学习任务重、压力大的人尝试。如果身体较弱，有低血糖、低血压、肠胃不好等情况，也并不适合这个方法。对于身体健康、压力不大的女性朋友，短期的轻断食可以尝试，但长期的轻断食，也会对激素产生影响。

轻断食并不只是一种减肥方式，它其实是一种全新的生活方式，需要时间去适应，也需要有好的身体条件来支持。饥饿感带给我们的不仅是健康，更重要的是给心灵减负，减少贪念和欲望。

（1）16∶8 断食法

也就是 8 小时进食法，把进食时间控制在 8 小时之内，其他时间不摄入热量，但可以喝水、咖啡、茶。可以不吃早餐，或者不吃晚餐，也可以根据自己的情况灵活安排。

（2）5∶2 断食法

一周 7 天，5 天正常进食，两天控制热量的摄入。在这两天中，热量摄入的标准通常女性是 500 千卡、男性是 600 千卡。

断食日的食物主要是低碳低卡，即低碳水化合物和低卡路里的，进食间隔时间也不要太长，最好也是在 8 小时内。这种方法是断食法中相对比较轻松的，但减肥的效果不一定会特别好。

我的 1 周 2 天 5:2 断食法食谱

1. 选择周一、周四进行断食，这两个时间相对容易不受打扰；

2. 断食日建议吃早餐、晚餐，下午用一些小茶点，减去午餐，这种饮食安排适合城市白领；

3. 只吃平时正常饮食的量的四分之一，女性热量摄入在 500 千卡左右；

4. 选择高纤维、高蛋白的食物，这些食物带来的饱腹感强；

5. 大量喝水，如果觉得白开水没味道，喝花草茶、柠檬水也可；

周一食谱

早餐：煮鸡蛋 2 个

茶点：牛油果 1 小个

晚餐：鸡胸肉 100 克，羽衣甘蓝 100 克，加入橄榄油 5 毫升，用盐、醋等调味

合计：总热量摄入约 500 千卡

周四食谱

早餐：煮熟小扁豆 50 克，煮鸡蛋 1 个，煮菠菜 100 克，加入橄榄油 5 毫升，用盐、醋等调味

茶点：扁桃仁 20 克

晚餐：大虾 100 克，西蓝花 200 克，加入橄榄油 5 毫升，用盐、醋等调味

合计：总热量摄入约 500 千卡

注意事项

这种方法只适合身体健康、意志力强的人，

身体虚弱，有低血糖、低血压，肠胃不好的人不建议尝试；

处于备孕、哺乳期的女性不建议尝试。

（3）6:1 断食法

这个是进阶版的断食法，1 周内有 1 天，24 小时内只喝水和茶（无热量、无咖啡因的饮品），不吃任何食物。

但断食前后不能暴饮暴食，断食前后的饮食以蔬菜为主，不吃含添加剂的食物，吃八分饱，注意不能喝酒。

（4）隔天断食法

正常吃一天，断食一天。可以在断食日将摄入的热量控制在 500 千卡以内，也可以选择断食日不进食，只喝水。

常见问题解答

不管做什么事情，你都会发现方法有很多，原则却始终是那几个，减肥也是一样的。理解了方法背后的原因，和自己身体好好相处，找到适合自己的方法，不仅可以成功减肥，也会过上一辈子不发胖的生活。

这一节的内容会解答你的大部分疑问，我从成千上万个网友的留言中精选出这些问题，一一给出解答，分享成功的经验，提醒你易犯的错误。了解这些内容，你就能做更充分的准备，更轻松地开始你的 21 天瘦身修心之旅。

一、关于21天瘦身修心之旅

1. 21 天不吃主食，这个饮食方法没有碳水化合物的摄入吗？

这并不是一个没有碳水化合物摄入的饮食方法，虽然食谱中去除了所有精制的米、面、糖，但它包含来自天然食物的碳水化合物，比如说豆类、根茎类植物等。

　　我们需要摄取一定的碳水化合物，避免引起甲状腺激素和皮质醇分泌失衡的问题，但要注意摄取太多碳水化合物也会囤积脂肪。净碳水化合物的含量为总碳水化合物含量减去纤维素含量，选择富含纤维素的慢速碳水化合物，既能保证我们身体所需的能量，也有利于减脂。

　　根据具体情况和活动程度，你可以调节饮食中慢速碳水化合物的比例。

　　2. 为何刚开始 21 天瘦身修心之旅时感觉头晕、没力气？

　　一开始感觉头晕、没力气，有很多人出现这种症状是因为他们依然沿用传统的减肥法——限制热量摄取，不敢吃饱。但在这个方法中，你不需要节食，虽然肉、蛋限量，但蔬菜和豆类可以根据自己的实际需求吃饱。当身体的能量摄取够，就不会有没力气的情况。不要不敢吃东西，健康、天然的食物，不会让你发胖。

　　3. 心悸、心跳加速的情况正常吗？

　　在执行低碳水化合物饮食法的前几周，这种情况比较常见。主要因为我们的身体在脱水，并且体内的盐分有所减少，解决办法还是要多喝水，或者直接喝淡盐水，饮用水中加一点海盐，这能帮我们快速补充流失的电解质。

　　如果还是感觉不舒服，可以增加一些碳水化合物的摄取，比如多吃一些根茎类植物。这样可能会拖慢减肥的速度，但慢慢来，不要着急。一定要注意身体的感受，有不适及时做出调整。

　　这是针对健康成年人出现这些问题的建议，如果你本身有高血压、低血糖等症状，请在医师辅导下减肥。

　　4. 21 天瘦身修心之旅结束后可以开始下一个 21 天吗？中间需要停顿吗？

　　你可以每个季度或者半年，使用一次 21 天瘦身修心法，也可以连续进行，这主要基于你的目的。如果你目标明确，并且第 1 个 21 天进行正常，身体没有不适，可以继续下一个 21 天。

中间可以休息几天，也可以不停直接继续，根据个人情况而定。有些朋友会在月经"拜访"时休息一周左右，也有些朋友发现直接把 21 天延长更有效率。

但注意，如果你中间休息，不要完全恢复之前的饮食，参考本书第二章第 3 节"一辈子过不发胖的生活"，每三天增加一种你想吃的食物。

5. 每周一个犒赏日是什么意思？

顾名思义，每周有一天犒赏自己的日子。在 21 天瘦身修心食谱中，我将犒赏日安排在第 7 天和第 14 天，在这两天里，你可以稍微放松下，选择 1~2 样自己想吃的食物加入饮食中。可以是任何你想吃的东西，比如说蛋糕、薯片，又或者面食、米饭等。

虽然我认为进行 21 天瘦身修心之旅最好的方式是采用完全健康、清淡的饮食，但事实上，让一个习惯了主食、加工食品或各种零食的现代人，一下子彻底放弃这些食品并不那么容易。犒赏日的意义在于帮助你坚持下去，平时忍不住想吃其他食物时，先记下来，在周末的时候允许自己品尝下。

犒赏日过后，你也许会发现自己的体重有所上升。不要焦虑，并不是你吃了一些热量偏高的东西，它们就会立刻转化为脂肪，比如说米、面等，你增加的体重里会有水分。只要之后严格控制饮食，体重还是会继续下降的。

如果你是连续进行几个 21 天瘦身修心之旅，那么每个周末都可以安排 1 天的时间，给自己放松下。直到现在，我依然也是这样的生活节奏，平时饮食自律，周末会允许自己吃一点犒赏食物。松弛结合，才是长久之道。

6. 一直按这个饮食法吃，可以吗？

21 天瘦身修心法所提倡的，不仅是全天然食物，低糖、低刺激性的饮食方法，更是一种简单、高品质的生活方式。我和很多朋友在结束 21 天瘦身修心之旅后，仍然遵循着这一方法的原则：剔除精制的米面糖，以及自己容易过敏的食物。

当然，在 21 天的食谱中，为了简单有效率，我选择的食物相对简单。当你过渡到正常饮食时，可以以此为基础，除了本章中"有益、减脂食材清单"的食物，增加以下的内容：

每天增加一份低糖的当季水果，不超过 200 克，上午吃；

增加慢速碳水化合物，比如说红薯、藜麦、小米、糙米等；

增加草饲的红肉类，如牛肉、羊肉，但每天建议摄入 50 克~70 克即可；

根据自己的情况，适量加入其他天然食物；

7. 我能按自己的需求调整饮食和运动吗？

当然，完全由你自己决定。如果你身体健康又追求减脂的效率，那么建议你在修改、调整时围绕 21 天瘦身修心法的核心理论：戒除 6 类食物以平衡激素。如果你在这 21 天内选择的都是全天然食物，只是按自己的饮食、生活习惯进行调整，也不会太影响效果。

但是，如果你并没有规划好自己的 21 天瘦身修心计划，那么我还是建议你，先按照已有的方法准备好，尽快开始。不必追求完美，你可以边做边调整。

8. 我可以不运动吗？

如果你只是刚开始减肥，可以不运动，但至少要做到多走路多站立。每天多站 90 分钟，吃完饭别急着坐下，在办公室接打电话时也来回走动下。这虽然不会帮助你减肥，但对你的身心有益。

从减肥的角度看，运动的效率不高，调整饮食你就能瘦下来。但从健康的角度，我还是建议你养成运动的习惯。但无须用过激的方式，那样你的身体和心理都会接受不了。先从每周运动 2 次，坚持 3 个月开始吧。

9. 21 天瘦身修心法能帮我减掉多少斤呢？

虽然 21 天瘦身修心法有明显的减肥效果，但我建议你不要只关注自己的体重，每天焦虑着体重是否有所下降。我希望经历这个 21 天瘦身修心的过程后，你会感觉身体和心灵上的轻松，感受自己由内而外的变化。当然，减掉体重只是一个附加的福利。

至于 21 天到底能瘦多少斤，这个问题每个人的情况都不一样，这和年龄、活动量、是否减过肥等都有关系。如果不是很胖或者偏瘦的人，21 天减掉 6~8 斤是相对比较平均的数字，体重基数大的朋友会减掉更多。但每周减掉体重的 1% 是较理想的减肥速度，也不建议短时间内减得过多。

10. 我需要补充什么营养品吗？

如同在第二章中所写，尽量从食物中摄取我们需要的营养素。你不必非要购买、服用营养补剂。但如果你的身体已经缺乏了某些营养素，或者希望能得到额外的支援，可以服用些补充品。

可以适当补充钙、镁、钾。另外在第二章中我推荐了一些营养补剂，在第五章第 2 节中也有涉及。这些均为保健品而非药品，你可以根据自己的情况选择使用。

11. 我可以吃减肥药吗？

减肥药确实会有明显的减肥效果，但同时也可能有副作用，我认为你没有必要拿自己的身体、健康去冒险。更不要去尝试那些没有批文、非正规渠道的药品，不管宣传说得多么好听。

12. 21 天瘦身修心之旅中遇到外出的情况怎么办？

建议在你开始 21 天瘦身修心之旅后，尽量避免频繁外出或者去外地出差，这样你能更好地执行这个瘦身修心法并取得成果。如果在 21 天瘦身修心之旅的过程中临时遇到不可避免的外出，我建议一是尽量在餐厅选择食谱中的食物，如蔬菜、白肉类食物；二是随身带些坚果，这既方便，又能给你的身体补充能量，且能在饿的时候顶上一阵子。记住多蔬菜少淀粉，这是你要遵循的底线。

二、关于饮食的细节

1. 可以不吃豆子吗？吃了会出现排气的尴尬情况

小扁豆、黑豆等不仅能为身体提供热量，还有减脂的功效。特别是小扁豆，它是营养素较全的豆类，富含蛋白质、纤维素、维生素 B 族、维生素 C、钙、铁、镁、钾、锌等人体必需的营养素。20 世纪 80 年代美国科学家就发现了"扁豆效应"：小扁豆可以降低血糖，抑制胰岛素分泌，帮助人们瘦腰去肚腩。

如果吃了豆子出现排气的情况，可以在吃之前将豆子用冷水多泡一下，或者用高压锅多煮些时间。另外，食用豆子罐头可以减少这种情况出现。

也有朋友问，豆子能不能打成豆浆喝？不建议，这会造成一部分营养成分流失，特别是滤掉豆渣，等于丢掉了豆子中有用的膳食纤维。我还是推荐食用豆子，而不要打成豆浆，不过如果你想喝，偶尔调剂下口味也可以。

2. 可以吃大豆吗？

大豆也是优质的蛋白质来源，含有丰量的矿物质。有营养是事实，但也有一定的风险，这又是一个科学界争议的话题。

大豆含大豆异黄酮，这是一种植物雌激素，与人体雌激素的作用相似。近年来反方的观点主要在于：在人体能正常分泌雌激素的情况下，摄取过多的大豆异黄酮，会导致雌激素分泌过多。而体内雌激素过剩，也是导致肥胖的原因之一，尤其是女性的下半身肥胖。

瑞士相关机构认为，摄取 100 毫克的大豆异黄酮，相当于吃一颗避孕药。日本也有实验证明，每天摄取 30 克大豆，会造成甲状腺功能减退的症状。

至今吃大豆是否健康仍是专家们争论的话题。我认为大豆含有的营养素可以在其他食物中摄取，所以我们没有必要非吃大豆不可，如果你是大豆豆浆的狂热爱好者，可以采取适量少喝这种折中的解决方案。

3. 不吃水果？这样会不会营养不均衡？

过去运输和储存技术不发达时，人们冬天也吃不上什么水果，那时的水果也完全不像现在这么甜。虽然水果中含有丰富的维生素、矿物质、膳食纤维，但这些是完全可以通过其他食物摄取到的，比如说蔬菜类食品。

如果你有肥胖问题，或者虽然体重正常但体脂率过高，经常有饮食过量的情况，我建议你在这 21 天瘦身修心之旅中就先不要吃水果了。即使你身体健康，也请选择低糖水果，每天限量摄取，而不是把水果当成饭来吃。

4. 可以喝脱脂牛奶、无糖酸奶吗？

我在这 21 天中移除乳制品的原因并不是考虑到它不脱脂。牛奶的 GI 值并不高，但乳制品比较特殊，能直接加快胰岛素的分泌。乳制品的胰岛素指数高达 90~98，和我们吃的白面包差不多了。瑞典伦德大学做过研究，不吃乳制品，减脂速度能大大提升。

牛奶里还含有 IGF-1，和胰岛素作用很相似。而牛奶在脱脂的过程中会让 IGF-1 含量增加，胰岛素分泌量更大，酸奶也同样含有这种物质。

那么不喝牛奶是否会导致缺钙呢？前文已说过这个问题，绿色蔬菜的钙质含量不比牛奶少，但记得要适当晒太阳，或者适量给身体补充维生素 D。

我理解你可能习惯了早上喝一杯牛奶、晚上喝一杯酸奶，但也可能正是这类食物，给你的身体带来了一些不好的反应。尝试下一两周不喝乳制品，看身体的状态是否可以改善。

5. 如果我是素食者，不吃肉怎么办？

蛋白质一定要摄取，因为人体需要且无法自己制造蛋白质。当然，素食者可以通过蛋、豆类给身体补充所需的蛋白质。如果你肠胃功能好的话，吃些糙米也可以。另外，素食者需要适当增加能够给身体补给能量的食物，比如说小扁豆、黑豆、红豆等，以及根茎类植物，如红薯、芋头、山药等，以确保有充足的体力。

我知道很多素食者是通过大豆和大豆制品来补充蛋白质的，但我前文提到的第1、2点可以给你提供另一个看问题的角度。

6. 烹饪中可以使用什么调味品呢？

只要你选择的调味品中不含糖、酱油，可以尽情发掘自己喜欢的风味。但我更喜欢简单的方式，这样更容易坚持，你可以先买好调味品，但用的时候少放一些。这样既能丰富食品的口味，又营养健康。

我通常这么安排三餐的调味品，两种油：低温炒菜和拌沙拉时用橄榄油，高温炒菜时用椰子油，加上海盐、黑醋、黑胡椒粉，这5种调味料几乎可以满足所有的烹饪需求了。另外，我会每餐加一点柠檬汁。如果你喜欢吃辣的话，可以备一瓶日式七味粉。

如果你喜欢中式口味，蒜、姜、辣椒，以及花椒、八角等等，都可以用来调味。葱和香菜，也会给减脂餐提味。

7. 减肥期间，全麦食品、燕麦、藜麦能吃呢？

我主要把握一个整体原则：胃只有一个，我们能吃的有限，吃了这个就不能再吃那个。所以，要尽量选择天然、营养价值高的食物。在减肥期间，食物种类简单更有效率。

谷物也会影响你减肥的速度。如果活动量不是很大的话，建议你不要吃。另外，如果你对麸质过敏的话，更应避免吃全麦食品。

8. 减肥期间，南瓜、红薯、玉米、土豆能不能吃呢？

同前一个问题类似，你需要考虑"我真的需要吃这个吗？有没有更好的食物可以替代？"。为了适当增加碳水化合物的摄取，让自己在减肥过程中感觉舒适些，在运动的日子你可以吃一些红薯。但如果你活动量很少，需要的能量并不多，红薯并不是必需的。

南瓜属于高升糖指数但低升糖负荷的食物，正常饮食中可以加入，但在这21天中我建议你把它从食谱上移除。而至于土豆、玉米，同样不要考虑。即使在正常饮食中，也要小心摄取土豆和玉米。玉米新鲜的时候是水果，晒干了是谷物，但无论是新鲜的还是晒干的玉米，都可能引起肥胖。

9. 21 天瘦身修心之旅中能吃加工过的肉类吗？

城市上班族时间有限，所以会有些朋友喜欢购买一些加工过的肉类，方便食用。但通常加工过的肉类成分表上都含有糖，还有些我们看不懂的添加剂、防腐剂，也可能会有淀粉，比如鱼丸、鸡肉丸。我建议尽量自己购买食材烹饪，如果真的需要购买加工过的肉类，注意看它的成分表，挑选不含糖、酱油、淀粉的产品。

10. 在 21 天瘦身修心之旅中可以吃零食吗？

养成良好的饮食习惯，正常吃三餐，不吃零食，给消化器官充分的休息时间，才能更好地吸收和排泄。三餐吃饱吃好，便不会觉得饿。如果确实需要补充能量，我推荐以下这两种食品，方便随身携带。

坚果类，扁桃仁是最佳选择，另外还可以吃可可含量在 85% 以上的黑巧克力。它们都会给人饱腹感，可以帮你补充能量，避免下一餐因过饿而吃下太多食物。同时，扁桃仁富含钙、镁，这两种矿物质的平衡，有利于舒缓压力。黑巧克力所含的儿茶素，能够促进人体血清素分泌，也让我们的情绪趋于稳定。

两餐之间感觉饿，或者情绪低落，都可以适当吃些坚果和黑巧克力，但注意每天的摄取量不要超过 25 克，也不要同时食用，这两种食物有好处但热量高。

11. 21 天瘦身修心的过程中可以吃代餐吗？

市面上的代餐五花八门，热量、成分各有不同。正常情况下，通过天然的食品能更好地调整人体内的激素，达到减脂的效果。代餐中如果含有糖、谷物或者其他 21 天需要移除的成分，我建议你不要考虑。另外，如果代餐的使用是同时限制水和其他健康天然食物摄入的，很明显，这样的减肥是靠控制热量实现的，本质上是节食。

12. 减肥期间喝什么比较健康？

适当浓度的矿物质，比蒸馏水等纯净的水分子结晶体更容易被人体吸收。最好是喝利尿与帮助排便的水，可以的话选择瓶装矿泉水。

也可以是花草茶、柠檬水，冬天来杯热饮暖身。但注意喝了茶，更要额外多喝水，因为茶本身有利尿的功能。过热和过冷的水都不好。太热的水喝进身体，会让人的体温升高，使水分透过皮肤蒸发得更快。而喝过冷的水会囤积胃部脂肪，水分也会因为肠胃变凉、功能下降，而不易被吸收。

注意喝水过量也不好，肝、肾、心脏功能异常的人，请咨询医生。

　　　　　　　　　　　　　　　　　　　　　瘦身，重启人生

每天的 7 个饮水时间

1. 起床时：马上喝一杯水，将前一夜的废物排出，促进代谢和血液循环。

2. 饭前 30 分钟前：喝一杯水调节肠胃，防止多吃。特别是偏好重口味食物的人，提前喝水有助调节体内盐分水平。

3. 饭后 30 分钟后：喝些水补充消化过程中所需的水分。

4. 上午工作时：工作久了，感到疲累时，喝一杯水能缓解疲劳，舒缓神经。

5. 下午工作时：下午感到饥饿时喝一杯水，不但能减少饥饿感还能缓解疲劳。

6. 出外应酬：尽量避免喝碳酸饮料和酒。实在避免不了，把水当作下酒菜，喝一口酒配一口水。这样可以减少醉意，还能加快身体排出酒精代谢物质，减轻第二天的宿醉。

7. 睡前半小时：睡前喝含有丰富矿物质的水，能使你第二天保持轻松的身体状态。

13. 可以吃"零热量"的代糖食品吗？

现在有不少的"零卡""无糖"饮料，但喝起来还是甜甜的味道，那是因为里面放了甜味剂。这些甜味剂没有热量，也不会让血糖飙升，比如说像甜菊糖、甘露醇等，它们也是从天然植物中提取的。

但这种甜味剂吃多了，会导致肠内负责消化、代谢的细菌失衡，从而影响人的内分泌。而且，我们的大脑并不好骗，当你吃了这种甜味剂，大脑一会儿就会反应过来：为什么我尝到甜味，但是血糖还是没有反应？！接下来，大脑会变本加厉地让你更想吃糖类的食物。如此继续下去，你永远无法摆脱对糖类的依赖。

代糖食品可以偶尔作为调剂，但并不建议长期摄取。

三、关于女性身体状况的小问题

1. 月经"离家出走"是怎么回事？会有推迟或者月经量少的情况吗？

准时来去的月经，对女性朋友来说是衡量健康的标准之一。如果你用节食的方式减肥、过度运动等，都会导致月经不调。当女性体脂率低于 20% 时，也会导致体内的激素失常。

另外，如果饮食不规律，三天低碳水化合物饮食、两天狂吃甜食，血糖波动大，也会让体内的激素水平忽高忽低，严重的情况则会导致停经。

如果以上的情况你都没有，只是改变了饮食结构，有时也会出现月经推迟或月经量减少的情况。因为饮食结构的变化，我们的大脑一下子还没反应过来，所以便影响到了激素的变化。

另外，人体内的雌激素很多都储存在脂肪细胞里，当我们在减肥时，脂肪细胞燃烧，雌激素被释放了出来，也会影响月经。

一般需要 2 到 3 个月的适应期，大脑才会搞懂身体的变化，重新调整我们体内的激素，月经才变得规律，有些人的痛经情况还会得到改善。如果身体状况一切正常，你可以耐心点，给自己点时间，但是如果 3 个月还没恢复正常，就要引起重视了。

2. 减肥过程中总是掉头发怎么办？

头发的生长周期一般是 2~3 年。一般来说，成年人的头发会有 10% 停止生长，被毛囊里的新头发挤掉，这就是掉头发的原因。这种掉头发是正常的，不影响发量。还有一种季节性掉发，秋季是掉发旺季。另外，怀孕、压力大、睡眠不规律、药物刺激等都会导致掉发，烫、染、吹头发也会引起掉发。

如果你每天掉几十根到一百根头发，都属正常现象，不要惊慌，但如果超过一百根就要注意下了。如果你是靠节食减肥，时间长了会造成营养不良。

当你体内缺乏蛋白质的时候，头发是第一个受害者。因为头发的主要成分就是角蛋白。另外，制造角蛋白和头发黑色素时，还需要用到维生素 B 和微量营养素。这些营养素不足，头发也会发黄、变脆、掉落。

如果你以前习惯了吃精制的米、面、糖，在改变饮食结构后，感觉头发掉得多了，不要过分担心，这只是暂时的现象，这些头发还是会重新长出来的。短期的掉头发不可怕，但一直掉可能就有问题了。

3. 哺乳期的妈妈可以用 21 天瘦身修心饮食法吗？

很多人误以为哺乳期就不能减肥，怕影响到宝宝的"口粮"。其实正相反，哺乳更有利于减肥，但哺乳 6 个月后的妈妈更适宜减肥。

21 天瘦身修心法中，推荐的都是健康、天然的食材，也考虑了营养素的均衡，但宝妈们要适当做些调整，以获取更多的能量、营养。

我建议处于哺乳期的妈妈们可以在食谱中增加些主食，也就是碳水化合物，可以把白米白面换成用杂粮、豆子煮成的八宝粥，比如小米、糙米、燕麦、小扁豆、红豆等等杂粮和豆类。这些杂粮富含维生素 B 族，有利于泌乳，帮助新妈妈恢复气色。

另外，也可以在食谱中增加些根茎类蔬菜，比如说红薯、南瓜，可以帮助你恢复活力。多吃蔬菜补充维生素和矿物质，上午也可以增加 200 克 ~300 克的低糖水果。

4. 梨形身材怎么减？能只减大腿、臀部或者胳膊的脂肪吗？

我们经常被灌输：没有丑女人只有懒女人，我部分同意这个观点，但有些事情不是努力就能达到的。比如说身材，每个人的基因不一样，各有各的特点。能改善，但很难改变。

没有"局部减肥"，脂肪细胞是随着血液全身流动的，减哪里的脂肪不是人为能控制的。很多人上塑形课，期待着减掉局部的脂肪，瘦腰、瘦腿、瘦胳膊，然后千万别瘦胸……但结果常常是，得不到你期望的改善。

瘦身只有两种可能：一是减掉全身脂肪，二是锻炼局部肌肉，让某个部位肌肉增多，显得更紧实些，视觉上也会显得瘦些。

肌肉你可以选择重点练哪里，增加强度效果会显著。但要注意，错误的锻炼方法反而会适得其反，比如过度跑步可能会让你的腿更粗。

5. 减肥过程中出现便秘怎么办？

便秘的人中本来就是女性多于男性，特别是在减肥的姑娘们。不要节食，摄取的食物量要够，如果没有足够的食物残渣刺激肠道蠕动，就很容易出现便秘的情况。

少吃缺乏纤维素的精加工食物，如果没有膳食纤维，不仅排便速度慢，也会导致有害物质在体内滞留。

膳食纤维也分非水溶性的和水溶性的，两种膳食纤维要配合在一起吃。蔬菜中大多数是非水溶性膳食纤维，而豆类、海藻类、菇类、坚果中主要是水溶性膳食纤维。

一定要喝足够多的水，膳食纤维吸水后会充分膨胀，刺激肠道壁，给大脑发出排便的信号。

油脂可以起到润肠的作用，缺乏油脂也会导致便秘，每天都要摄取好的油脂，可以通过橄榄油、坚果、牛油果等调味品或食物摄取。

另外运动能刺激肠道蠕动，很多做胃肠手术后的病人，都会被医生鼓励下床活动，目的就是促进肠道功能恢复。

每个人情况不一样，有些食物对一些人有用、对一些人没用，你可以自己试验一下，找到自己的小秘诀。如果便秘严重，建议请医生给你开一些副作用小的药物。

每日自检清单

你真的在执行 21 天瘦身修心法吗?

记得在 21 天瘦身修心之旅过程中每天自检这 10 个问题,监督自己。

☐ 21 天中要戒除的 6 类食物,糖、水果、乳制品、红肉、谷物、咖啡因,已经确实不吃了吗?

☐ 蛋白质摄取的量够吗?[计算公式:蛋白质需求量 = 体重千克数 ×(1.2~1.5)]

☐ 是否保证了每天至少两餐都有蔬菜,每天吃够 500 克蔬菜了吗?

☐ 每天 1500~1700 毫升水,你喝够了吗?

☐ 每天吃早餐吗?

☐ 午餐和晚餐是否吃够了 30 分钟?

☐ 晚餐是否在睡前 3~4 小时吃完?

☐ 每天站立时间达到 60 分钟以上了吗?

☐ 每天的步数 8000 步,或者每周 2 天健步走 30~60 分钟,你做到了吗?

☐ 晚上 11 点上床休息,最晚 12 点前你已经入睡了吗?

网络读者留言精选

看着珞宁姐每天更博发餐照，我也丝毫不想落下。每天都很勤奋地摘菜洗菜，早起半小时做早午餐，带饭到办公室吃。另外，晚上还会上两小时的舞蹈课，总之有一些小运动。自己煮的小扁豆比罐头的好吃，菠菜这个季节不好买我用替代品。第一轮减去6.4斤，第二轮差不多还是这样的数字。

21天瘦身计划结束到现在已经有半个月时间了，体重还挺容易控制的朋友都说我的皮肤变好了，整个人有一种容光焕发的感觉。我现在已经带动了身边5位朋友按照此方案减肥，谢谢珞宁姐用心的研究才有现在自信的我。

——幸运贰零壹捌

今年的我和医院结了缘，生了一场大病，意识到健康的重要性，我花了6个月的时间减了20斤。从122斤的胖子减到了100斤，学会了怎么养生、怎么爱护自己、怎么控制饮食。不熬夜，不胡吃海喝，当然偶尔会出去吃一顿奖励自己。但是至少会控制自己了。或许老天是公平的，虽然让我遭受了病痛，但也学会了怎么健康生活！趁着年轻，要好好爱护自己。

——Jessie- 花椒

宝宝断奶后我的体重一直维持在 94 斤左右，但我个子比较矮。我没有完全按照食谱实行，有时候还是会偷吃，但每次偷吃都只咬一口。我用了两个 21 天减重 14 斤，现在每天选择热量低的食物，偶尔也会喝喝奶茶、吃吃蛋糕，加上锻炼，体重一直保持在 80 斤，没有反弹，我相信我可以一路保持下去，加油加油。

——Adela

这是我人生中的第一次饮食管理，也是我坚持过最认真的一次。减肥 15 天，瘦了 3.6 斤，最明显的就是小肚子——明显见小呀。我觉得可能是内脏脂肪少了的原因，开心。期待自己华丽转身，谢谢姐姐分享这么棒的减肥方法，感恩。

——MKL

自从按照 21 天减肥食谱瘦了 10 斤后，我才发现原来减肥没我想象的那么可怕和艰难，我对减肥的认知有了质的改变。结婚多年很少下厨房的我突然爱下厨了，每天的食谱看着虽然简单、单调，可看到体重在一天天下降，心情还是"美美哒"。我知道后期保持胜利成果还有很长一段路要走，不过有珞美女的陪伴，我相信自己会越来越好的。

——LiLi

我终于度过了平台期，现在 99 斤了，跟着小姐姐减肥没怎么费力。终于把十几斤肉"送走了"，开心啊！我这体重 5 年了都在 116 斤左右浮动，运动也做，是瘦了些且但停下来后体重就又回去了，一直反反复复。没想到今年夏天毫不费力就变瘦了，真的感谢遇到小姐姐。

——桃红梨白

我建议想要减肥的朋友一定要像珞宁姐说的那样管理自己的情绪，不急不躁一步一步来。想要马甲线、蜜桃臀，骨骼肌想一个月长 3 千克的朋友，我建议你一周进行 3 次以上的力量训练，重量要跟上，别怕吃苦。另外睡眠也非常重要！我已经接近一年每天 10 点前睡着，早上 7 点起来。

——Coco

5

第五章
实用篇：16种王牌瘦身食物，
46个懒人食谱

无须压抑对食物的欲望，和美食和
平相处。吃得少一点，吃得好一点，
愉悦地用餐，体会食物天然的味道
和它给你的满足感。

激素瘦身食谱

在本书的第四章第 3 节中，我详细介绍了 21 天瘦身修心食谱，以及食物的分量、推荐的烹饪方式等操作细节。也建议你根据自己的情况，灵活运用。按照食谱，或者简单调整下食谱的顺序，这样是最省力气的操作方法。

你也可以根据自己的口味和喜好，自由搭配组合食谱，根据我提供的食材和调味品清单，打造自己的专属食谱。

就一个减肥食谱来说，21 天瘦身修心食谱中的饮食，我认为已经相当丰富美味了。更简单的饮食通常意味着更有效率。

不过，读者也经常发来她们自创的减脂餐，这些食谱既符合瘦身要求又能丰富口味。 接下来我要介绍的内容，就是你在 21 天瘦身修心之旅中可以选择的更多菜式，这些在你减肥结束后依然可以列入日常饮食中。

这些食谱相对简单，大部分是基本款。挑优质的、天然的食材，做法、调味越简单越好。另外，这些烹饪方法中，有中式的做法也有西式的，我相信人们的生活方式会越来越无国界。

以下内容在本书第四章第 3 节都有具体讲述，这里针对 16 种王牌瘦身食材、46 个懒人食谱再小结一下。

被抹黑多年的鸡蛋

图5-1　鸡蛋

不是吃多少鸡蛋，就会吸收多少胆固醇。

以前大家都认为蛋黄的胆固醇含量高，会引起血液中的胆固醇上升，因而不敢多吃鸡蛋，或者吃鸡蛋不敢吃蛋黄。

近年来这已经被多次辟谣了。美国、日本、中国的膳食指南已经取消了对食源性胆固醇的限制，并不是吃多少鸡蛋，就会吸收多少胆固醇。[1][2] 所以不要一听到食物中含有胆固醇就害怕。提升新陈代谢必需的各种激素分泌，也需要胆固醇的参与。

1. 蛋黄才是鸡蛋的精华

吃鸡蛋能为人体补充除了维生素以外的大部分人体所需的营养素。[3] 一个鸡蛋大约含有 6 克蛋白质，是便宜、优质的蛋白质来源。

吃鸡蛋不吃蛋黄更是浪费，蛋黄才是鸡蛋的精华。每 100 克蛋黄含有 15.2 克的蛋白质，而每 100 克蛋清中有 11.6 克蛋白质；[4] 此外，一些维生素和矿物质大部分也在蛋黄里；蛋黄里的脂肪，其中一半是橄榄油的主要成分：油酸，食用它对人的心脏有好处。它还含有胆碱，不但能保护肝脏，还可以调节人体的脂肪代谢。[5]

健康成年人建议一天吃 1~2 个全蛋。

但注意，胆固醇也是脂类的一种，取消了对食源性胆固醇的限制，并不意味着可以随意摄入。患慢性病、血脂偏高的人请遵医嘱食用。

2. 鸡蛋这么吃减脂又健康

减肥期间，鸡蛋是方便、经济的好食材。如果时间匆忙，1~2 个水煮鸡蛋，再来一杯热的柠檬水，是快捷又营养的早餐搭配。当然，搭配绿色蔬菜食用更佳。

整颗蛋蒸煮是最健康的方式。其次是水煮荷包蛋和蛋花汤，蒸蛋羹、嫩煎荷包蛋并列第三。而炒鸡蛋、茶叶蛋、卤蛋、鸡蛋煎饼，尽量少吃或不吃。

至于焗蛋黄、裹蛋液的煎炸食物，热量高且不说，对身体健康也有危害。

（1）降低脂肪和胆固醇氧化程度

吃下胆固醇氧化后的食物会损伤血管的内皮，还会损伤 DNA，引发疾病。

而脂肪氧化后的食物会增加自由基的产生，使人变老。[6]

水煮蛋的氧化程度比炒蛋、煎蛋要低，而已经被氧化的咸蛋黄，再拿油高温翻炒，氧化程度更高。

鸡蛋加热的时候，它含有的脂肪和胆固醇会被氧化。所以鸡蛋煮得越久，氧化得越严重。如果把鸡蛋剥开皮让它接触空气，脂肪和胆固醇的氧化程度也会明显上升。

（2）避免高温多油煎炒鸡蛋

尽量不要高温多油地煎炒鸡蛋，很容易产生大量糖化蛋白物。

糖化蛋白可以说是身体里的一种"毒素"，是很多慢性病的凶手，它和人体衰老、脏器损害都有一定关联。新鲜鸡蛋中的糖化蛋白含量非常低，但用油高温煎炒之后，糖化蛋白就会变成原先的 30 倍。[7] 而整颗蛋水煮则几乎不会提升它的糖化蛋白含量。

建议大家以食用水煮蛋为主，适量食用蛋羹、嫩炒鸡蛋来调剂口味。

3. 鸡蛋的几种烹饪方法

①水煮蛋

方法一：

（1）从冰箱里取出鸡蛋，将鸡蛋直接冷水入锅。

（2）水沸腾 1 分钟后关火，再焖 3 分钟。

方法二：

（1）常温的鸡蛋，水沸腾后再放进去。

（2）鸡蛋进锅 30 秒后，转小火再煮 4~7 分钟。

这两种方法后面的步骤相同：

（1）鸡蛋捞出后过冷水。

（2）根据自己的口味爱好，可以在鸡蛋上撒上海盐、黑胡椒粉，或者大蒜盐、七味粉等自己喜欢的调味品。

说明：

（1）按方法一操作，煮熟的鸡蛋蛋清凝固、蛋黄凝固一半。

（2）按方法二操作，从第4分钟开始到第7分钟，蛋黄凝固程度逐步加强，可根据自己的口味调整煮的时间。

（3）鸡蛋煮完后过冷水，这样蛋壳更容易剥落。

（4）方法二中的转小火比较重要，一直大火煮，鸡蛋容易裂壳。

（5）由于每次选用的鸡蛋大小、数量不同，使用的器皿不同，煮的时间也会略微有些差异。

图5-2　0~15分钟水沸后不同时间蛋黄的凝固程度示意图

② 虾仁蛋羹

食材：鸡蛋 2 个、虾仁 3~5 只、盐少许

做法：

（1）将鸡蛋放入碗中打散后撒上盐。

（2）加入水。蛋和水的比例为 1:2，拌匀后撇出浮末。

（3）将虾仁放进蛋液中，用保鲜膜封住碗口。

（4）水沸后大火蒸 5 分钟，再关火焖 20 分钟即可。

③芝麻荷包蛋

食材：鸡蛋 2 个、辣椒 1 个、葱 1 棵、芝麻 5 克、椰子油 5~8 毫升、黑醋和盐少许

做法：

（1）将葱、辣椒斜切成细薄片后放入一碗水中，滴几滴黑醋浸泡下。

（2）炒芝麻注意先不要放油，约 1 分钟后加入椰子油，将鸡蛋打入锅中，盖上盖子，煎至你喜欢的程度。

（3）将荷包蛋盛出放进碟子里，把切好的葱、辣椒沥干水撒在鸡蛋上，再撒上盐即可。

减脂、减压又美容的扁桃仁

图5-3　扁桃仁

1. 每天一小把坚果瘦腰腹

坚果是优质的油脂来源，富含不饱和脂肪酸，适当摄取可以降低胆固醇。此外，坚果还富含蛋白质、维生素、矿物质、膳食纤维等，人体需要的营养它基本都有。每天吃一小把，有利于健康和减肥。

有些人觉得坚果脂肪含量高吃了会发胖，但很爱做实验的美国人，做过20多个相关的临床试验，没有一个结果证明吃坚果会变胖。他们还有一个做了8年的研究，用了6种方法探索坚果和肥胖的关系。结果其中5种方法的研究结果都表明，多吃坚果反而能明显减重，尤其有减轻腹部肥胖的益处。[8]

扁桃仁、巴西坚果、腰果、奇亚籽、榛子、开心果、南瓜子、芝麻、葵花籽等等，这些坚果都可以适量吃。

两餐之间感觉饿了，可以吃点坚果补充热量，坚果给人的饱腹感强，会让你不乱吃其他东西。但如果吃了坚果，还乱吃其他零食，或者是其实不饿，却额外多吃了坚果，一样也可能发胖。

好东西也得适量摄入。每个人对热量的需求不同，自己可以调整坚果的摄入量。如果非得定一个标准，大部分人每天食用 10~25 克的坚果比较适合。但注意最好吃原味的坚果，而不是焦糖、盐焗、奶香口味的坚果。

特别提醒一下，有些人对坚果过敏，如果你也对坚果过敏的话，我建议你可以尝试坚果酱，像芝麻酱。芝麻酱在做菜的时候可以少量放，还可促进脂溶性维生素的吸收，比如胡萝卜素、维生素 E、维生素 K 等。

2. 减脂、减压又美容的扁桃仁

人们口头上常说的大杏仁，学名扁桃仁。而真正名叫杏仁的基本来自国产，是我们平时用来入药、煲汤、做甜品的南杏仁或北杏仁。扁桃仁和杏仁的营养价值相近，但扁桃仁更多的是作为零食。

坚果里面最不易"肥"的就是扁桃仁，热量比很多坚果要低，纤维素含量却极高。高脂高纤维食物可以延长人的饱腹感。

扁桃仁含有大量的维生素 B2，有助于人们分解脂肪，促进糖类代谢，消耗多余的热量。并且扁桃仁里含有丰富的钙、镁等矿物质，钙、镁平衡会影响情绪，可以缓解人们的紧张心理、减轻压力，防止因为压力造成的暴饮暴食。

而且，钙、镁和维生素 B2 之间相互搭配，能更"卖力"地调节人体代谢。扁桃仁中还含有丰富的维生素 E，除了减肥还有补钙护肤的作用。

我平时外出会随身带点扁桃仁，早上也习惯了自己做扁桃仁奶。

坚果虽好，但最大的问题可能就是很容易一不留神就吃多了。如果管不住自己的嘴的话，不要买回家是个更好的选择。

瘦身，重启人生

图5-4　扁桃仁奶

3. 扁桃仁的几种做法

① 扁桃仁奶

食材：扁桃仁 15~20 颗、饮用水一杯（约 200 毫升）

做法：

（1）将扁桃仁洗净加水，盖上盖泡一整夜。

（2）沥干水分，将扁桃仁去皮，和泡扁桃仁的水一起放入料理机中。

（3）以最快速度打 2 分钟，打至扁桃仁与水完全融合。

（4）想要更细腻的口感，可以用纱布过滤掉扁桃仁渣。

说明：

（1）习惯喝西式口味的，可以在扁桃仁奶中加入香草精、肉桂粉调味。

（2）在扁桃仁奶中加一小勺黑芝麻，可以使口感更丰富。

（3）扁桃仁奶可放冰箱保存，冷藏后会有少许沉淀。

（4）扁桃仁渣含丰富的膳食纤维，建议不要丢弃，可用于煎蛋或者烘焙。

另外还有一个懒人方法，就是直接吃掉。

（5）我通常用电动搅拌棒做扁桃仁奶，这样既容易冲洗，也不占地方。

② 扁桃仁渣煎蛋

食材：扁桃仁渣一份、生鸡蛋 2 个、椰子油 5~8 毫升、盐少许

做法：

（1）将 2 个生鸡蛋打进碗里，倒入扁桃仁渣和盐搅拌均匀。

（2）在不粘锅中倒入椰子油，用中火加热。将鸡蛋液倒入锅中，轻轻翻炒 1~2 分钟。将鸡蛋煎至两面微黄即可。

减肥期间能吃的水果

1. 对女性特别友好的牛油果

图5-5　牛油果

在 21 天瘦身饮食中，需要戒掉水果，但牛油果和柠檬是例外。

牛油果虽然是网红水果，但它真心不像一个水果，它的各项指标都超过猪肉了。每 100 克牛油果脂肪含量约 15 克，而每 100g 瘦猪肉也才含脂肪 6.2 克。那为什么我们还要吃它呢？

牛油果的 GI 值是 27，每 100 克牛油果的含糖量为 5.3 克，[9] 既低升糖指数又低糖。牛油果的脂肪里 67% 是不饱和脂肪酸，可以降低低密度脂蛋白（坏胆固醇）的水平，保护心血管，同时也富含多种维生素和矿物质。

每个牛油果含有约 57 微克的叶酸，叶酸有助于胎儿神经系统发育，很多备孕的女性都会主动摄取牛油果。此外，牛油果还含有维生素 E，具有抗氧化性，所以多吃牛油果对生育和免疫系统有好处。牛油果中的辅酶 Q10 也具有抗氧化、防衰老的功效。

牛油果还含有丰富的叶黄素，叶黄素被身体吸收后大部分都会留在视网膜和晶状体里，对于恢复视力、消除眼睛疲劳以及缓解干眼症都很有效果。此外，牛油果中富含的维生素 C 和维生素 E 也可以防止晶状体老化，整天玩手机的人、用眼过度的上班族、视力退化的老年人都可以多吃。

2. 如何正确地吃牛油果？

牛油果是膳食纤维含量较高的水果之一，加上油腻的口感，牛油果给人的饱腹感很强。另外，由于牛油果中富含膳食纤维，因此它还可以预防便秘。

如果吃完饭再吃个牛油果，其他食物还是照常吃，那你可能会更胖。一个个头稍大的牛油果，通常都接近 200 克，算下来就含有 300 多千卡的热量。减肥时吃牛油果，目的是减少其他热量和油脂的摄入，但同时不减少各种营养素的摄取。

有实验表明，午餐吃半个牛油果，可以降低接下来 5 个小时内的食欲，让你不会感到饥饿从而想吃更多东西。[10] 所以在午餐沙拉中加上牛油果，或者在你很饿的时候来上半个，是比较好的选择。牛油果一天最多不要吃超过一个，也不要在晚上吃。

牛油果该怎么挑选呢？先看颜色，选整体偏黑、隐约透一点点绿的。再用手轻按，熟的牛油果会有点发软。如果牛油果特别容易按下去，还感觉里面有点空，那就是它熟过头了。最后还要看蒂部，蒂部和皮分离的牛油果就不新鲜了。

牛油果有很强的抗氧化性，切开后接触空气很快会氧化变色，所以要尽快吃完。如果一定要保存，建议挤点柠檬汁用保鲜膜包起来放冰箱冷藏，第二天去掉表面有点氧化的部分即可食用。

牛油果可以什么调味品都不放，直接切开来吃。如果你适应不了它油腻的口感，可以拿去做沙拉。煮熟的鸡胸肉、番茄、羽衣甘蓝等食材，都可以加入牛油果一起做成沙拉食用。

牛油果曾经被追捧得很厉害，当然它没有人们传说中的那么厉害，但确有其独特之处。无论是减肥期间还是在平时都可以适量吃些牛油果，让我们都吃得少一点，吃得好一点。

3. 牛油果的几种料理方法

① 拌牛油果

食材：牛油果 1 个，橄榄油、海盐和黑胡椒粉少许

做法：

（1）将牛油果对半剖开，去核去皮切成片。

（2）在切好的牛油果中加入橄榄油、黑胡椒粉、盐，拌匀即可。

② 牛油果椰子奶昔

食材：牛油果 1 个、椰奶两大勺（或者淡椰浆、椰子粉）、饮用水 100 毫升 ~150 毫升、肉桂粉少许

做法：

（1）牛油果切块，加入椰奶（或者淡椰浆、椰子粉）、饮用水。

（2）用搅拌棒将牛油果与椰奶（或者淡椰浆、椰子粉）的混合物高速打均匀。

③ 牛油果焗蛋

食材：牛油果 1 个、鸡蛋 2 个、海盐和黑胡椒粉少许

做法：

（1）将烤箱预热到 180~200 摄氏度。

（2）将牛油果切开两半后去核，用小勺挖走一勺果肉，打一个鸡蛋到牛油果刚刚挖出的凹槽处。

（3）在牛油果上撒少许盐和黑胡椒粉，放入烤箱烤 16~18 分钟即可。

图5-6　牛油果焗蛋

说明：

（1）本文中所涉及烤箱的烘焙时间仅做参考，不同的烤箱烘焙时间也不同，注意随时观察不要烤焦。

（2）挖走一部分果肉是为了有足够空间放鸡蛋，但注意不要挖空。

（3）挖走的果肉可以加点盐和黑胡椒粉直接吃，也可以拿去做沙拉。

④ 热辣牛油果煎蛋

食材：鸡蛋 1 个、煮熟的小扁豆或黑豆 50 克 ~80 克、牛油果半个、辣椒 1 个、柠檬半个、椰子油 5 毫升 ~8 毫升、黑胡椒粉和盐少许

做法：

（1）将辣椒切薄片；把牛油果切成薄片，用海盐、柠檬汁和黑胡椒粉调味。

（2）在平底锅中放入椰子油和一半辣椒，听到滋滋声后打入鸡蛋，然后加入小扁豆或黑豆。

（3）撒上盐和黑胡椒粉，盖上盖子焖煮 2~3 分钟。

（4）关火，将煮好的东西盛出和牛油果一起放入盘中，撒上预留的辣椒片，挤上柠檬汁即可。

说明：

这是比较西式的做法，既可以作为早餐，也可以作为午、晚餐。但要注意，这种方法虽然美味，可以周末作为调剂口味使用，但减肥且健康的饮食方式，更多是蒸、煮、炖。

天天都喝柠檬水

图5-7　柠檬

1. 柠檬能够抑制血糖

柠檬是一种很常见的水果，它的好处很多，其中一个就是降血糖。血糖降下来了，胰岛素就不会大量分泌，这样就能减少脂肪在体内的囤积，还会降低食欲。

美国"低糖减脂法"专家蒂莫西·费里斯曾做过实验，饭前喝 3 匙现榨的柠檬汁，可以降低大约 10% 的血糖峰值。[11]这个方法他亲身实验过，而醋并没有这个功能。

这里说的是纯柠檬汁，不兑水。不过，用鲜柠檬泡水，也能抑制食欲，缓解想吃甜食的冲动。

经常说减肥要抗衰老，帮助抗衰老的物质中，维生素 C 是其中之一，柠檬富含维生素 C。维生素 C 就像个铆钉，将氨基酸连接起来，组合成蛋白质。

而蛋白质是构成肌肉、血管、皮肤的重要成分。想要皮肤好，口服胶原蛋白并不一定有用，但吃优质蛋白质和多补充维生素C，真的能够养颜。

虽然柠檬有很多好处，但它含有的柠檬酸对牙齿并不友好，容易腐蚀牙釉质，所以注意饮用柠檬汁时别让它在口腔停留太久，可以用吸管吸。

肠胃不好的人要注意，不要空腹喝柠檬汁。但饮用泡淡一点的柠檬水是可以的，少量的柠檬酸有利于胃黏膜的修复。

关于柠檬

一部分人说柠檬水和富含钙的食物同时吃会得结石。这不一定靠谱，柠檬酸其实能促进钙的吸收。而说柠檬水含感光物质，喝了容易晒黑也是不靠谱的。感光物质主要在柠檬皮里，据说有科学家小范围做过实验，你得每天吃300多个柠檬才会有晒黑效果。平时正常喝柠檬水，并没有问题。[12]

2. 柠檬水的制作方法

食材：柠檬1个、饮用水约1升

做法：

（1）将柠檬清洗干净，特别是要将柠檬皮擦干净，不要去皮。

（2）把柠檬切成薄片，越薄越好。

（3）将柠檬放入饮水壶中，倒入饮用水即可，注意水温不要超过60摄氏度，否则会破坏维生素。

说明：

（1）怎么判断水温呢？如果用手摸到杯子感觉有点热，水温大概在40摄氏度以内；如果摸杯子时感觉有点烫手则水温至少超过45摄氏度了；如果一碰杯子就感觉烫了，水温应该是高于60摄氏度了。

（2）干柠檬片虽然取用很方便，也方便储存，但它在制作过程中会损失掉一部分营养物质，口感和香气也没有新鲜柠檬好。所以，我建议尽量用新鲜柠檬。

（3）喝柠檬水里也可以加入小片黄瓜，喝起来会有点喝"矿泉水"的清新感觉。

瘦腰腹的小扁豆

图5-8　小扁豆

1. 专家推荐餐餐吃的超级食物

小扁豆不仅含有丰富的蛋白质、铁和锌，同时也含有蔬菜特有的营养素——膳食纤维、叶酸和钾。

吃豆子可以兼得动物界和植物界的最佳营养素，大部分豆子所含的饱和脂肪和钠的含量很低，食用起来也不用担心胆固醇升高。

虽然科学界对哪种食物该食用，哪种食物不该食用存在很多争议，不同派别的营养学家对待同一种食物，也会有完全相反的意见。但科学家们普遍都认可豆子，认为它对心脏好，有助长寿，吃得越多，活得越久。

美国的葛雷格医师在他的《食疗圣经》中说，豆子每餐都可以吃。

美国的科学家在 1982 年就发现一个控制血糖高峰的"扁豆效应"。小扁豆的 GI 值很低，吃过小扁豆后，它可以维持好几个小时的降低血糖的效果。[13]

2018 年《英国营养学杂志》刊登了一项加拿大圭尔夫大学的研究发现，用小扁豆代替米饭或者土豆，可以使血糖水平降低 35%，有助预防和缓解 2 型糖尿病。

研究员表示，小扁豆中含有抑制葡萄糖吸收的酶，扁豆中的膳食纤维可以促进短链脂肪酸的产生，也有助于降低血糖水平。

此外，小扁豆中还含有很丰富的益生元，也就是肠道益生菌所需要的特殊营养素。它会带来丙酸盐等对身体有益的化合物，让胃部得到放松，减缓血糖被吸收的速度。而降血糖、抑制胰岛素分泌，是减肥中非常重要的条件。

2. 营养素很全的豆类

小扁豆不仅可以降血糖，更是"能量密度低"但"营养密度高"的超级食物之一。它高蛋白质、高膳食纤维、给人带来的饱腹感强，小扁豆中含有丰富

瘦身，重启人生

的维生素 B 族、维生素 C、钙、铁、镁、磷、钾、锌等，这些都是提高代谢力必不可少的营养素。此外，小扁豆中还含有丰富的钼和叶酸，钼能有效抑制尿结石的形成，叶酸对孕妇很重要。

注意，食谱中所用的扁豆又叫兵豆，不是我们平常所见可以入药的白扁豆。在食谱中统一称为小扁豆。

图5-9　各色小扁豆

3. 它们都是小扁豆

（1）绿棕色小扁豆

我平时买的都是这种小扁豆，它能煮到软烂。在网上搜索小扁豆，产地一般在甘肃、云南。

（2）红色小扁豆

这种印度产的小扁豆，很容易被煮烂，适合做汤、调味酱和炖菜等，印度菜会将它和香料混合煮。红色小扁豆富含铁，对女性身体有益。

（3）黑色小扁豆

黑色小扁豆的口感像肉，柔滑中带着点粗粒感。烹调时可以保持豆子的原本形状，适合做汤或者配菜。

（4）法式小扁豆

又叫普伊扁豆，价格偏高一些，口感辛辣，适合和鱼类等食材搭配食用。

（5）黄色小扁豆

和红色小扁豆很相似，味道温和，淀粉含量多，很容易被完全煮烂。

4. 小扁豆的烹饪方法

① 盐水煮小扁豆

食材：小扁豆250克（根据需要调整分量）、水500毫升、海盐少许

做法：

（1）小扁豆洗净泡1~2小时，放入锅中，豆子和水的比例大概为1:2。

（2）盖上锅盖，大火煮开后，改中小火煮20分钟左右。

（3）熄火后趁热放海盐更入味。

（4）也可以加入八角、花椒和辣椒等香料一起煮。

说明：

（1）用冷水泡是为了解决吃豆子容易"排气"的尴尬，事实上，小扁豆是最不容易引起这个问题的豆类了。用高压锅煮也会减轻这种情况，我的经验是食用罐头小扁豆几乎没有这个问题，但注意成分表中不要含糖，吃之前最好用开水冲洗下，避免摄入过多的钠。

瘦身，重启人生

（2）吃现煮的小扁豆比较新鲜，你也可一次多煮些，分开每餐的分量，放入冰箱冷藏可以保存1~2天，冷冻可以保存1周左右。注意要彻底加热后再食用。

② 滋味小扁豆泥

食材：小扁豆250克（可以根据需要调整分量）、水500毫升、洋葱半个、青椒和红椒各半个、橄榄油5毫升~8毫升、黑胡椒粉和海盐少许。

做法：

（1）洋葱和辣椒切碎。

（2）在热锅中放入橄榄油，放洋葱入锅炒软，再放辣椒翻炒。

（3）将加好水并提前浸泡了1~2小时的小扁豆，煮20~30分钟。

（4）加入海盐和黑胡椒粉调味，可以用勺子将小扁豆压成泥状，也可以用搅拌棒搅拌。

图5-10 菠菜

营养健康的菠菜

1. 大力水手吃的菠菜

菠菜可是 21 天瘦身修心食谱中的王牌食品，是减脂增肌的好食物。

它能在人体内生成甜菜碱，提高代谢；它还含有一种植物蜕皮激素，能促进蛋白质的合成，提升 20% 的肌肉增长率，有利于增肌；它含有的一种类胰岛素物质，还能起到稳定血糖的作用。

而且菠菜富含蛋白质，吃 600 克的菠菜摄入的蛋白质相当于吃 2 个鸡蛋摄入的。[14][15] 菠菜中还有丰富的维生素和矿物质，含钙、铁、叶酸，能够补血，是女性的好朋友。菠菜中的 β-胡萝卜素还能保护眼睛和黏膜，抗衰老。

菠菜中的草酸含量比较高，很多人担心吃了会得结石，其实想去除菠菜中的草酸很容易，用焯水的方法即可去除，焯半分钟到 1 分钟即可。另外，嫩菠菜的涩味会减轻很多。

低碳水化合物的饮食会让身体流失一部分电解质，可以适当给身体补充一些钾、镁、钙。菠菜中同时含有钾、镁、钙这 3 种矿物质。另外，像西蓝花、羽衣甘蓝、卷心菜等也要多吃。

2. 菠菜的烹饪方法

①凉拌菠菜

食材：菠菜 200~250 克、大蒜 1~2 瓣、醋 5~8 毫升（视个人口味添加）、芝麻油 5 毫升、盐少许

做法：

（1）将菠菜洗干净掰成小段，大蒜压成泥。

（2）将菠菜放入沸水中氽一氽，捞出来沥干水。

（3）在菠菜中加入蒜泥、盐、醋、芝麻油拌匀。

（4）也可以加入煮熟切开的鸡蛋。

说明：

也可以将芝麻油换成芝麻酱调味，但要注意分量。

②孜然菠菜

食材：菠菜 200~250 克、椰子油 5~8 毫升、孜然粒少许、海盐少许

做法：

（1）菠菜洗干净掰成小段。

（2）热锅放椰子油，下孜然粒，小火炒出香味。

（3）放菠菜，转大火翻炒，放海盐拌匀即可。

（4）孜然粒也可以换成黑胡椒粉。

③鸡蛋菠菜羹

食材：鸡蛋 2 个、菠菜 100 克、橄榄油 5 毫升、海盐少许

做法：

（1）菠菜洗净，用沸水焯 30 秒，捞起来过凉水，挤掉多余的水分，切成末。

（2）将鸡蛋打散，菠菜末放入蛋液中拌匀。

（3）放入和蛋液 1:1 的水，再加橄榄油、海盐，拌匀。

（4）将菠菜蛋液倒进蒸盘中，水沸后放入蒸锅，中小火蒸 8 分钟，再焖 2 分钟即可。

图5-11　西式菠菜浓汤

④西式菠菜浓汤

食材：菠菜 100 克、鸡骨头汤 150~200 毫升、牛油果半个、大蒜 1~2 瓣、椰子油 5~8 毫升、黑胡椒粉和海盐少许

做法：

（1）菠菜洗净掰开，大蒜压碎。

（2）椰子油放进汤锅，再放入大蒜。中火加热至大蒜变焦黄色，倒入鸡骨头汤，慢慢煮到沸腾。

（3）加入菠菜，焖煮约 1 分钟，菠菜变软后关火。

（4）加入牛油果，用搅拌棒把牛油果和汤充分混合。

（5）加入海盐和黑胡椒粉调味。

⑤双菇菠菜汤

食材：菠菜 100 克、蘑菇 50 克、香菇 50 克、芝麻油 5 毫升、香菜一小把、海盐少许

做法：

（1）将菠菜洗净切段，蘑菇、香菇洗净切片，也可根据口味换成其他菇类。

瘦身，重启人生

（2）在锅中倒入适量水，等水煮沸后先加入菇类。

（3）菇类煮一小会儿后加入菠菜，煮至变软。

（4）关火，将煮好的菠菜和菇类盛出摆盘，淋上芝麻油，放入香菜，加盐调味。

⑥菠菜蛋汤

食材：菠菜200克、鸡蛋1个、芝麻油5毫升、香菜一小把、海盐少许

做法：

（1）将菠菜洗净后切碎，鸡蛋放入碗中打散。

（2）在锅中放入适量的水，水烧开后倒入菠菜，煮软。

（3）关小火，倒入打散的鸡蛋液，记得一边倒入鸡蛋液一边打散。

（4）关火，将菠菜蛋汤盛出，淋上芝麻油，放入香菜，加盐调味。

低卡高纤抗衰老的超级蔬菜

图5-12　羽衣甘蓝

很多人认为肥胖的人营养过剩，其实很多胖子都是营养不良。爱吃加工食品，偏食挑食，就是不爱吃蔬菜。

蔬菜热量低，饱腹感强，富含维生素、矿物质和膳食纤维。维生素和矿物质是代谢不可缺少的，能够辅助和调整蛋白质、脂肪、糖类这三大营养素，让它们工作更顺畅。而膳食纤维负责调整糖和脂肪的吸收，摄取足够的蔬菜可以提高肠胃功能，促进排泄。

建议平时吃蔬菜时最好生、熟搭配，和油脂一起吃，这样身体能更好地吸收脂溶性维生素。吃当季蔬菜，营养更丰富。

十字花科的蔬菜值得推荐。有些营养成分在别的食物里含量很低，如一种叫萝卜硫素的超强化合物，几乎只在十字花科蔬菜里才有。这也是天然抗癌物质里，效果最好的活性成分。[16]

十字花科蔬菜的家族还是很庞大的，我们平时吃的很多蔬菜都属于十字花科，像小白菜、大白菜、菜花、芥蓝、西蓝花……我推荐这 4 种：西蓝花、花椰菜、卷心菜、羽衣甘蓝，这些菜在减肥和平时都可以适量食用。

特别需要注意的是，正在吃凝血剂的人，要小心绿色蔬菜的食用量，否则很有可能会出现不良反应，具体情况请咨询医生。

西蓝花：西蓝花的热量低、膳食纤维含量高，给人的饱腹感强。并且西蓝花中含大量的维生素 C，比很多水果中维生素 C 的含量都高。维生素 C 能帮助人的身体吸收铁，提高血红蛋白含量，预防贫血。此外，西蓝花中含丰富的维生素 B 族、铁、镁、叶酸、钙、钾、锌、β-胡萝卜素和一系列抗氧化物质等等。

花椰菜：花椰菜的热量低、膳食纤维含量高，含有丰富的维生素 C 和矿物质。它含有多种叫吲哚衍生物的活性物质，对体内激素有调节作用，能降低雌激素的水平。另外，花椰菜也是黄酮类化合物含量最多的蔬菜之一，有保护心血管的功效。

卷心菜：卷心菜含维生素U，也叫甘蓝素，可以帮助我们修复胃部功能。每100克卷心菜中含有40毫克的维生素C，比橙子中维生素C的含量更高，卷心菜中的维生素C和维生素U能保护肝脏，并且卷心菜中的膳食纤维丰富，能够起到抑制食欲的作用。

羽衣甘蓝：羽衣甘蓝可以说是绿叶蔬菜界的超级网红，有卡路里低膳食纤维含量高的特点。它含有的叶酸、黄酮类化合物，这两种成分都对女性身体很有益。此外，羽衣甘蓝比牛肉含有更多的铁，钙的含量也很丰富，羽衣甘蓝的维生素C含量比大多数蔬菜都高。美国"每日医学新闻网"说它有防癌、控制糖尿病、保护心脏、保护骨骼等功效。它唯一的缺点就是，不那么好吃。

十字花科蔬菜的烹饪方法：

①清蒸西蓝花或花椰菜

食材：西蓝花或花椰菜200克、油醋汁10毫升

做法：

（1）将西蓝花或花椰菜洗净，切成大小均匀的小朵，放入清水中浸泡。

（2）将西蓝花或花椰菜从清水中捞出，放置40分钟。

（3）将西蓝花或花椰菜，放进碟子里，水沸后放入蒸锅，大火蒸8~10分钟。

（4）将从蒸锅中取出的西蓝花或花椰菜放油醋汁拌匀即可，也可根据自己口味加入喜欢的调料。

说明：

十字花科蔬菜里最重要的一个营养成分是萝卜硫素，但它需要一个形成过程，中间要用到一种酶。而过度烹饪，会让这种酶失去活力。所以，将西蓝花切开后放40分钟再煮。萝卜硫素在等待的过程中已经形成了，这时再煮就不怕酶失效了。[17]不仅是西蓝花，像花椰菜等其他十字花科蔬菜，最好也这样做。

油醋汁的做法：

食材：橄榄油100毫升、黑醋100毫升、柠檬汁20毫升、香菜1根切末、盐少许

（1）将橄榄油和黑醋按1:1的比例调和，再加上柠檬汁、少量盐，还有香菜末混合后密封在玻璃瓶内。

（2）调好的油醋汁可以放进冰箱里储存两周，使用前记得摇匀。

②生菜沙拉

食材：生菜100克、羽衣甘蓝100克、小番茄8个、油醋汁10毫升、黑胡椒粉少许

做法：

（1）小番茄洗净切半，生菜、羽衣甘蓝洗净切成丝。

（2）将小番茄、生菜丝、羽衣甘蓝丝放在沙拉碗中。

（3）在碗中加入调好的油醋汁、黑胡椒粉拌匀即可。

③扁桃仁花菜沙拉

食材：西蓝花100克、花椰菜100克、扁桃仁碎10克、油醋汁10毫升、小红辣椒圈少许

做法：

（1）将西蓝花、花椰菜掰成大块，放入清水中浸泡并冲洗干净。

（2）放置40分钟后，放入加有椰子油、盐的开水中焯烫，之后捞出切成薄片。

（3）将切好的西蓝花和花椰菜盛入盘中，倒入油醋汁搅拌均匀，加入扁桃仁碎和小红辣椒圈即可。

④西蓝花炒鸡胸肉

食材：西蓝花200克、鸡胸肉100克、蒜2瓣、椰子油5~8毫升、盐和黑胡椒粉少许

做法：

（1）鸡胸肉切小块，加黑胡椒粉、海盐腌制20分钟。

（2）西蓝花切小朵，放入清水中浸泡冲洗干净。

（3）放置40分钟，入沸水汆一汆，捞起沥干水。

（4）在热锅中倒入椰子油，放入拍碎的蒜爆香，放入鸡胸肉翻炒至鸡胸肉变熟。

（5）加入西蓝花，加入盐调味，将西蓝花和鸡胸肉一起翻炒3分钟即可。

图5-13　羽衣甘蓝

⑤羽衣甘蓝焗蛋

食材：羽衣甘蓝 200 克，鸡蛋 1 个，椰子油 5~8 毫升，柠檬半个，黑胡椒粉、孜然粉、海盐少许

做法：

（1）羽衣甘蓝洗净去梗，将叶子撕开备用。

（2）在锅中放椰子油，放入蒜片爆香。

（3）将羽衣甘蓝叶子放入锅中，撒上盐和黑胡椒粉。

（4）将羽衣甘蓝炒至叶子变软，在锅中间打一个鸡蛋，在鸡蛋上撒少许盐和黑胡椒粉，盖上锅盖焖三五分钟，直到蛋清凝固。

（5）出锅前撒上少许孜然粉，滴上柠檬汁即可。

⑥素炒卷心菜

食材：卷心菜 200~250 克、青辣椒 1 个、椰子油 5~8 毫升、盐少许

做法：

（1）将卷心菜撕片，青辣椒切片，葱切段。

（2）在热锅中放椰子油，放青椒稍炒一下，再放卷心菜翻炒。

（3）当卷心菜炒至快熟时，放入盐调味即可。也可以根据个人口味加入醋和辣椒。

⑦烤花椰菜

食材：花椰菜 200 克、椰子油 5~8 毫升、孜然粉和辣椒粉少许、海盐少许

做法：

（1）花椰菜切成均匀的小朵，放入清水中浸泡，沥干水，放置 40 分钟。

（2）海盐、孜然粉、辣椒粉、椰子油，一起放进切好的花椰菜里混合搅拌均匀。

（3）将烤箱预热到180摄氏度，在烤盘上垫好锡纸，将花椰菜尽量平铺在锡纸上，烤15~18分钟即可。

富含欧米伽3的深海鱼

图5-14　深海鱼料理

1. 全身都是宝的三文鱼

三文鱼的营养价值很高，富含高蛋白质，在肉类中算是低热量。从头到尾、从肉到骨，都可以煮来吃。

三文鱼含有丰富的欧米伽3多元不饱和脂肪酸，可以降低血液中的甘油三酯和胆固醇，抑制胰岛素的分泌，改善瘦体素阻抗。而胰岛素和瘦体素，这两个可是决定我们发胖的重要激素。

三文鱼中的欧米伽3还能促进益生菌的生长，改善人体肠道功能，这对减肥也很有好处。另外，它富含维生素 B6，能有效防止脂肪囤积在肝脏里。

美国和加拿大相关机构建议健康成年人，每日应摄取 1500~3000 毫克的欧米伽 3。但我国人均欧米伽 3 摄取量普遍偏低，因为我们更习惯吃淡水鱼。

切片生吃三文鱼是最能保留三文鱼营养的做法，但这样有一定的健康风险。所以，我还是推荐将三文鱼煮熟吃。

2. 补脑好食材——银鳕鱼

银鳕鱼其实不是真正的鳕鱼，这是它在中国和日本的叫法。被称为银鳕鱼的鱼类通常有两种：一种是智利海鲈鱼，另一种是阿拉斯加黑鳕鱼，属于鲉形目。银鳕鱼长得像鳕鱼，但价格比鳕鱼贵。银鳕鱼是冷水域深海鱼，营养价值很高，也富含欧米伽 3 不饱和脂肪酸。

3. 深海鱼的烹饪方法

①烤三文鱼

食材：三文鱼 120~150 克，椰子油 5~8 毫升，柠檬半个榨汁，香菜、辣椒酱、盐少许

做法：

（1）将三文鱼放于餐盘中，擦干鱼身，再撒上盐和柠檬汁，用保鲜膜包好，让它室温下腌渍。

（2）用少许椰子油润滑烤架，将烤架箱预热至 180 摄氏度。将三文鱼放到烤架上，每面各烤 5~6 分钟至熟透，鱼肉呈半透明。

（3）在锅中倒入椰子油，用中火加热。加入辣椒酱，翻炒 2~3 分钟，关火。

（4）拌入切碎的香菜及剩余柠檬汁，淋到三文鱼上即可。

②煎三文鱼

食材：三文鱼 120~150 克、盐和黑胡椒粉少许

做法：

（1）热锅，将三文鱼鱼皮朝下，放入锅内煎1~2分钟后，翻面再煎1~2分钟。

（2）撒上少许盐和黑胡椒粉即可食用。挤上柠檬汁，口感会清爽很多。

说明：

此方法不需要用油，三文鱼本身油脂含量丰富，但对锅的要求比较高。

③三文鱼小扁豆沙拉

食材：去皮去骨三文鱼片120~150克、煮熟的小扁豆100克、柠檬1个榨汁、橄榄油5毫升、海盐和黑胡椒粉少许

做法：

（1）将烤箱预热至180~200摄氏度。

（2）在烤盘上垫上涂好橄榄油的锡纸。

（3）将三文鱼放到锡纸上，放入烤箱烘烤4分钟至熟透。这时候的鱼片呈半透明状，边缘略显金黄，用刀很容易戳人。

（4）将三文鱼切片，与扁豆拌匀，加入胡椒粉、盐，再挤上柠檬汁即可。

说明：

没有烤箱可以用干煎的方法。

④菇炖三文鱼

食材：三文鱼120~150克、蘑菇150~200克、姜2片、柠檬汁少许、海盐少许

做法：

（1）将三文鱼切成一块块的，不放油将三文鱼放进锅里煎至变色。

（2）在锅中倒入清水，水的量刚好盖过三文鱼即可，放入蘑菇、盐，再放姜片，大火煮沸后，再用中小火煮5~10分钟，直到汤汁变浓，最后挤上柠檬

汁即可。

⑤银鳕鱼锡纸烧

食材：银鳕鱼 120~150 克、芦笋 150 克、盐和黑胡椒粉少许

做法：

（1）在银鳕鱼两面撒上盐与黑胡椒粉。

（2）将芦笋根部切除，削掉硬皮，切成 3 等份，香菇切薄片。

（3）把银鳕鱼放到锡纸上，再放上芦笋包好。

（4）在蒸锅中倒入水，待水沸后将包好的银鳕鱼放入蒸锅，大火蒸 10 分钟。

⑥煎银鳕鱼

食材：银鳕鱼 120~150 克、椰子油 5~8 毫升、盐和黑胡椒粉少许

做法：

（1）将银鳕鱼解冻，用盐、黑胡椒粉腌 20 分钟。

（2）在锅中放入椰子油，放入鱼块，盖上盖子，小火煎约 3 分钟。

（3）翻面再煎 2 分钟，至两面金黄后即可。（也可以将鳕鱼放入烤箱，将烤箱温度调至 180 摄氏度烤 20 分钟。也可如干煎三文鱼一样，不放椰子油，靠鱼本身的油脂小火煎熟。）

⑦焖银鳕鱼

食材：银鳕鱼 120~150 克、柠檬半个、盐和黑胡椒粉少许

做法：

（1）将银鳕鱼切块，用盐、黑胡椒粉、柠檬汁腌 5 分钟。

（2）将银鳕鱼鱼皮朝下，放锅中煎一下，再加水焖 5 分钟即可。

4. 营养丰富的鲈鱼的做法（非深海鱼）

食材：鲈鱼 1 条（中等大小，约 500 克）、柠檬半个、葱 2 棵、姜 5 片、

盐和黑胡椒粉少许

做法：

（1）鲈鱼洗净切段，用盐、黑胡椒粉略腌3分钟。

（2）蒸鱼的盘子底部放上葱段、姜片，再放上腌制过的鱼段。

（3）将柠檬榨汁淋到鱼上。

（4）把鲈鱼放入水烧开的蒸锅里，大火蒸约8分钟。

美味又减脂的海鲜

图5-15　海鲜

虾热量低、蛋白质含量高、脂肪含量低，适合减肥食用。它营养丰富，含有镁、磷、钙等，虾体内的虾青素也是功效强大的抗氧化剂。

虾肉质松软，容易消化，没有骨刺，腥味少。做起来简单，白灼也很好吃。

牡蛎也是健康的海鲜选择之一，它营养丰富，富含大量的锌元素。蛤蜊等软体贝类，煲汤、炖菜都很美味。金枪鱼、沙丁鱼中的欧米伽3非常丰富，而且市场上很多罐头产品吃起来既美味又方便。

有些朋友担心海鲜中的重金属汞，但绝大多数的深海鱼、虾、蟹、牡蛎、扇贝等，在正规渠道购买都是比较安全的。

能够选择野生海鲜是最健康的。但海鲜不建议生吃，做熟最好。对海鲜过敏的人以及痛风、高尿酸患者，在选择海鲜时，务必谨慎。

海鲜烹饪方法。

①白灼虾

食材：虾 120~150 克、盐少许、柠檬半个

做法：

（1）中等个头、鲜活的虾洗干净，挑去虾线。

（2）在锅中倒入适量水，待水沸腾后，加入少许盐和几片柠檬。

（3）准备一个筛网，把虾放进筛网里，再将其放入沸水中，不时颠一颠，煮 15~20 秒左右，当你明显感觉到虾从轻飘飘变得结实又有弹性时，就可以出锅了。

（4）可以蘸油醋汁吃，也可以直接吃，感受虾的鲜味。

②盐烤大虾

食材：大虾 150 克、盐 100 克

做法：

（1）大虾去掉头尾尖刺、挑去虾线，抹干水分。

（2）将大虾正反面均匀蘸上盐，再包进锡纸里。

（3）将烤箱预热至 200 摄氏度，把大虾放入烤箱，烤 20 分钟左右。

（4）撕开锡纸，取出烤好的大虾，将多余的盐粒去掉即可食用。

③蒜香蒸虾

食材：大虾150克、蒜3瓣、椰子油5毫升、盐少许

做法：

（1）将大虾洗净去虾线，从头部用刀片开至尾部三分之二处。

（2）把大蒜捣成蒜泥，在锅中放入少许椰子油，倒入一半蒜泥入锅，稍微翻炒到变黄。

（3）将炒过的蒜泥和没炒过的蒜泥混合，加入盐搅拌。

（4）将虾摆盘后撒上调好的蒜泥，上蒸笼大火蒸3分钟即可。

④大虾炖白菜

食材：大虾150克、大白菜250克、姜2片、椰子油5~8毫升、海盐少许

做法：

（1）将大虾洗净，去虾线，沥干水。

（2）将洗好的大白菜手撕成块。

（3）热油下锅，先爆一下姜片，再放大虾翻炒，炒出虾油后放大白菜翻炒。

（4）在锅中加入适量水，煮10~20分钟，放入盐调味即可出锅。

⑤海鲜沙拉

食材：虾或虾仁4只、鱿鱼80克、橄榄油5毫升、沙拉菜150~200克、盐和黑胡椒粉少许

做法：

（1）烧一锅热水，将虾或虾仁入锅氽烫20~30秒捞出。

（2）将鱿鱼切成鱿鱼条，或直接购买现成的鱿鱼圈，放入热水中氽烫20~30秒捞出。

（3）把焯过水的虾或虾仁、鱿鱼和沙拉菜混合，加入盐、黑胡椒粉、橄榄油拌匀即可。

减肥、健身的人都需要的鸡胸肉

图5-16　鸡胸肉丸

鸡肉属于白肉，相比于其他肉类，鸡肉的蛋白质含量很高，脂肪含量很低，是减脂餐的首选。而鸡胸肉是整只鸡里热量和脂肪含量最低的部位，碳水化合物的含量几乎为零。

鸡胸肉的营养也很丰富，含有钙、磷、铁以及各种维生素。此外，鸡胸肉中还含有一种叫咪唑二肽的物质，可以改善人的记忆力，还能缓解因为运动等产生的疲劳感，难怪健身的人都爱吃它。

其他部位像鸡腿也可以吃，但减肥期间最好吃去皮的。鸡腿肉脂肪含量高一点，吃起来不会像鸡胸肉那么"柴"。

鸭肉、鹅肉也可以吃，建议尽量选放养的土鸭、土鹅。

水煮鸡胸肉怎么做吃起来才不会"柴"？

1. 切片不要切条

鸡胸肉要切成 0.5 厘米厚的片，不要切成条状。切片的鸡胸肉入锅后没那么容易煮老。

2. 水快沸腾时再入锅

不要冷水入锅，这样鸡胸肉很容易煮过头；也不能水滚后入锅，因为鸡肉会猛然收缩，马上会变老。在水即将沸腾又还没沸腾的时候放鸡胸肉，才能煮出嫩的鸡胸肉。

3. 千万不要煮太久

鸡胸肉放进水里后，马上改小火，煮 2 分钟就可以捞出来了，煮太久也会变"柴"。不过如果你切的鸡胸肉片厚度超过 0.5 厘米，那就要相对煮久一点了。

鸡胸肉的烹饪方法：

①鸡胸肉沙拉

食材：鸡胸肉 120~150 克、什锦蔬菜 200 克、香菜 1 小把、柠檬 1 个、油醋汁 8 毫升

做法：

（1）鸡胸肉用上面说的方法煮熟，然后切丝。

（2）把香菜切成碎末，柠檬榨汁。

（3）准备什锦蔬菜，可以是黄瓜、番茄、生菜等。

（4）将所有食材和调味品混合在一起，拌匀就可以了。

②葱蒸鸡腿

食材：去皮鸡腿 120~150 克、大葱半根、椰子油 5~8 毫升、鱼露和盐少许

做法：

（1）去皮鸡腿切块备用。

（2）把大葱斜切成丝，在锅里倒入椰子油，放进大葱，煎出葱香。

（3）将大葱捞起来，放进鸡腿里，再放海盐、鱼露拌匀。

（4）水开后将混合好的鸡腿块放进蒸锅，用大火蒸 15 分钟。

③羽衣甘蓝焖鸡腿

食材：去皮鸡腿 120~150 克、羽衣甘蓝 200 克、椰子油 5~8 毫升、鱼露和盐少许

做法：

（1）去皮鸡腿洗干净切块，放盐和鱼露腌制 5 分钟。

（2）羽衣甘蓝洗净，将叶子撕下来备用。

（3）在热锅中放入椰子油，放鸡腿炒香，再放羽衣甘蓝，炒匀后放少许水，大火烧开后转小火焖 10~15 分钟，再加入盐调味即可。

④芝麻手撕鸡

食材：鸡胸肉 120~150 克、西芹 50 克、芝麻油和辣椒油少许、芝麻酱少许、盐少许

做法：

（1）将鸡胸肉洗净，晾干备用；西芹洗净，切丝。

（2）鸡肉入滚水氽熟后捞起，晾凉后将鸡肉撕成细条，备用。

（3）调酱汁：将芝麻油、芝麻酱、辣椒油、盐混在一起搅匀。

（4）将西芹丝铺在碟内，将鸡肉摆在上面，淋上酱汁即可。

⑤蒜香鸡排

食材：鸡胸肉 120~150 克、大蒜 2 瓣、椰子油 5~8 毫升、盐和黑胡椒粉少许

做法：

（1）将鸡胸肉从中间横向剖成两半。

（2）在鸡胸肉中加入盐、黑胡椒粉用手按摩揉搓1分钟。

（3）把大蒜压成蒜泥，抹到鸡胸肉上，再抹一点椰子油，腌制2个小时。

（4）在热锅中放入椰子油，放入鸡胸肉煎至两面金黄。

图5-17　鸡胸肉丸

⑥黑胡椒粉鸡肉丸

食材：鸡胸肉120~150克、鸡蛋1个、盐和黑胡椒粉少许

做法：

（1）将鸡胸肉剁成泥，放黑胡椒粉、盐拌匀，再放鸡蛋让肉泥变黏稠。

（2）煮一锅水，水滚后改小火。

（3）把肉泥捏成一个个小丸子，一边捏一边下锅，下满一锅后用大火煮5分钟即可。

说明：

丸子煮好后，也可以加入西蓝花，或者和菠菜一起做成丸子汤。

减肥也可以吃的巧克力

图5-18　黑巧克力

　　姑娘们的福音来了！在大多数人的认知里，巧克力热量高，含糖量也高，是减肥的天敌……事实上，只要选对巧克力，适量食用对减肥是有帮助的。

　　每天25克黑巧克力，它富含的多酚和膳食纤维，可以降低糖化血色素，起到降低血糖、舒缓压力的作用，并且它还可以减轻肥胖和改善一些慢性病。[18]

　　多酚是纯天然的抗氧化物质，可以促进脂肪燃烧，改善胰岛素阻抗。每100克巧克力中，含有840毫克多酚，是同等重量下红茶中多酚含量的8倍多。人们普遍知道的对身体有益的番茄，每100克的多酚含量居然不足巧克力的二十分之一。[19]

　　多酚中的儿茶素，能够促进血清素的分泌。而血清素正是大脑的"万能调

瘦身，重启人生

节剂"，可以改善睡眠、平复情绪、镇定安神。科学家还在可可中找到了其他抗抑郁的物质。[20]

当然，并不是什么巧克力都可以吃。要选择富含多酚的巧克力，也就是黑巧克力，可可成分在 70% 到 99% 之间。可可含量越高，口感越苦，也就意味着巧克力中其他的添加物越少。

我建议健康的成年人可以每天摄取 25 克可可成分在 70% 到 99% 之间的黑巧克力，分 3~5 次吃，这样它的功效可以发挥到最好。无论是当你肚子饿想吃零食时，还是在紧张、焦虑时吃上一块，都能放松你的情绪，防止暴饮暴食。

黑巧克力的主要成分为纯可可粉，你也可以直接买可可粉用来在减肥期间给自己适量调制饮料。

可可粉的做法：

①防弹可可

食材：纯可可粉 10 克、椰子油 10 克、黄油 10 克、热水 200~250 毫升、盐少许、肉桂粉少许

做法：

（1）将 10 克纯可可粉、10 克椰子油、10 克黄油放入容器中。

（2）在容器中加入 200~250 毫升热水，手动搅拌或用搅拌棒、食品料理机搅拌 30~60 秒，直到三种食材均匀混合即可。

（3）可以加入少量盐、肉桂粉调剂口味。

注意：此款饮料约 220 千卡热量，减肥期间饮用应适量，避免摄入热量超标。

图5-19 可可粉做的饮品

②可可椰子奶

食材：纯可可粉 10 克、淡椰浆 50~100 毫升、热水 150~200 毫升

做法：

（1）将 10 克纯可可粉、50~100 毫升的淡椰浆放入容器中。

（2）加入 150~200 毫升的热水，手动搅拌或用搅拌棒、食品料理机搅拌 30~60 秒，直到 2 种食材均匀混合即可。

注意：也可将淡椰浆替换为用不含糖的椰子奶。

瘦身修心购物清单

以下是我在瘦身过程中购买、使用过的产品，我将我认为效果不错的整理出来，推荐给准备进入 21 天瘦身修心之旅的你。在我瘦身成功后，这些依然是我长期食用、使用的产品，希望对你也能有所帮助。

除了我主要推荐的产品以外，我也给出了一些经济的替代品。价格部分均为参考价格，建议你在正规的店铺购买。这些产品不一定是你必需的，这个清单也可能还不够完善，如果你有好的产品推荐，也欢迎你分享给我。

买得少一点，但买得好一点。好东西不用多，优质的物品中蕴含着让你变得更美好的能量。

下面介绍的这些品牌，和本人没有任何利益关系。

食品类

建议大家在当地超市、市场购买。蔬菜购买有机、当季的最好，鸡蛋和肉类尽量选择放养的家禽、家畜，海鲜类食品则尽量购买野生的，当然，要保证食品来源安全。

另外，当大的电商平台促销时，我建议你可以入手一些冷冻生鲜保存。如果你居住的地方附近有可靠的放养家禽的农场或者是海鲜养殖基地，那食用这些地方的食材当然再好不过了。

美国人喜欢一次购买较多的绿色有机蔬菜，将它们清理干净之后切碎冷冻保存起来。需要的时候拿出来清蒸、做沙拉，或者直接用搅拌机打成蔬菜汁。如果你能方便买到新鲜蔬菜，当然是最好的。如果你没有充足的时间，也可以考虑一次准备一段时间的食物，这样更方便省力。

三文鱼：

市场上购买切好的三文鱼排每片分量不大，烹饪方法前面讲过，烤、炖煮、少油煎或干煎均可。一般价格如下：

美威智利原味三文鱼排 150 克（2 片装）：38 元

美威智利原味三文鱼排 240 克（4 片装）：46.8 元

虾：

虾有很多种做法，既适合清蒸，也可以盐烤，如果是白灼的话，建议在当地购买鲜活、中小个头的虾，做出来味道会更好。

如果你买的是特大号的斑节虾，1 次吃 3~4 只已经基本满足身体每日需摄取 20 克蛋白质的需求了。

泰国进口 Member's Mark 冷冻斑节虾 2 千克（1 盒 60~80 只）：310 元

泰国冷冻斑节虾（特大号）850 克（1 盒 17~26 只）：119 元

小扁豆：

小扁豆在甘肃、内蒙古、河北、山西、河南、陕西、江苏、四川、云南均有栽种。

红扁豆主要用于煮汤、做蘸料，绿棕色的小扁豆比较适合用来做料理。

甘肃特产小扁豆（绿棕色 400 克 / 袋 ×3 袋）：29.4 元

土耳其红扁豆 1000 克：45 元

扁桃仁：

我通常是购买下面推荐的大包装的原味扁桃仁。扁桃仁酱和花生酱都很香，但注意如果你控制不住嘴巴，就不要买回家哦。

你也可以买扁桃仁粉，可以做烘焙或者直接开水冲饮，但味道不如自己现制的扁桃仁奶好。

美国柯克兰（Kirkland）原味生扁桃仁 1360 克：188 元

新西兰皮卡思（Pics）扁桃仁酱 195 克：138 元

新西兰皮卡思无盐颗粒花生酱 380 克：88 元

舒可曼烘焙原料扁桃仁粉 100 克：19.9 元

椰子奶：

椰子奶我通常在网上买唯他可可（Vita coco）这个牌子的。椰子奶会有些甜的味道，这是因为它里面含有天然的椰糖。

也可以尝试椰来香（Super coco）椰子粉，这一款不含牛奶，但含有木薯淀粉，个人感觉口味一般。

Vita coco 进口天然椰子奶 1 升：39.9 元

Super coco 纯素椰浆粉 300 克：69 元

椰子油：

我建议选冷压初榨的椰子油，最好是有机认证过的，这样的椰子油吃起来更放心。

美国优缇（Nutiva）冷压初榨椰子油 414 毫升：158 元

菲律宾 Super coco 椰子油 500 毫升：79 元

橄榄油：

橄榄油我建议选择原装进口的，个人推荐希腊、西班牙进口的，初榨、有机认证的橄榄油。日期越近越好，可以买小包的，尽量在 1 个月内吃完。

希腊榄蒂（Ladi）特级初榨橄榄油 500 毫升：138 元

西班牙莱瑞（La Espanola）特级初榨橄榄油 250 毫升：35 元

翡丽百瑞（FILIPPO BERIO）特级初榨橄榄油 500 毫升：76 元

翡丽百瑞特级初榨橄榄油（喷雾）200 毫升：39.9 元

澳洲坚果油：

澳洲坚果油又叫夏威夷果油。成分和橄榄油很像，但沸点高，适合高温烹饪。这种油在美国受健康达人们追捧，目前在国内比较少见。

澳洲布鲁克家族（Brook farm）天然夏威夷果油 250 毫升：99 元

调味品：

因为大部分酱油添加了糖以及麸质的问题，再加上制作酱油的原料大豆目前在人体健康方面的益处存在争议，因此我在 21 天食谱中的调味品里移除了酱油，可以用椰子氨基酸调味酱替代。

海盐除了起到调味作用，还可以给身体补充矿物质。

我推荐的调味品相对西式，你可以根据自己喜欢的口味自行调制和选择调味品。

美国大树农场（Big Tree Farms）有机椰子氨基酸调味酱 296 毫升：77.38元

意大利卡利亚摩德纳黑醋 500 毫升：45 元

美国柯克兰喜马拉雅盐粉 365 克：61.8 元

意大利卡纳梅拉（Cannameila）黑胡椒粉＋喜马拉雅海盐粉套装（28 克+60 克）：56 元

美国莱莉氏（Lawry's）蒜盐 311 克：23 元

日本爱思必日式七味辣椒粉 15 克：19 元

日本爱思必日式天然芥末膏 43 克：19 元

发酵食物：

发酵食物含有大量益生菌和 B 族维生素，能够改善肠道微生物环境，起到瘦身、抗过敏、抗衰老的作用。让我们感觉开心的血清素，95% 都是在肠道内制造出来的，吃些发酵食品也能舒缓压力。大豆近年来在健康界争议较大，选有机、发酵过的纳豆食用会更加安全。

德国冠利酸椰菜酸菜 350 克：19.5 元

日本北海道即食纳豆（24 盒 ×40 克 / 盒）：98 元

花茶：

花茶我个人很喜欢美国艾凡达的（Aveda）康福茶，不含咖啡因，好喝而且舒缓提神，可惜现在国内不好购买。

你也可以寻找一些国内的甘草、薄荷茶，但尽量选择有机茶叶且成分安全无添加的。

美国艾凡达康福茶 140 克：335 元

美国 Traditional Medicinals 有机薄荷草本茶 16 包：57.52 元

美国 Alvita 有机洋甘菊花草茶 24 包：86 元

黑巧克力、可可粉：

可可含量在 70% 以上的黑巧克力在减肥期间可适量食用，但我更推荐可可含量在 85% 以上的黑巧克力。

这里推荐的可可粉是无糖、可可含量 100% 的，可以做防弹可可、可可椰子奶。如果 21 天瘦身修心之旅结束后，你在饮食中加入牛奶但身体无不适反应，在可可中加适量牛奶饮用口味更佳。

另外，还有一些我认为比较好的黑巧克力品牌，大家可以根据自己的喜好挑选、购买。

瑞士莲黑巧克力（可可含量为 85%，100 克）：32.9 元

瑞士莲黑巧克力（可可含量为 90%，100 克）：38.9 元

瑞士莲黑巧克力（可可含量为 99%，100 克）：39.9 元

美国好时纯可可粉 226 克 / 罐：39.9 元

厨房用品类

利用家中现有的厨具完全可以烹饪瘦身餐，但记得餐具也要更新和换季。精致的厨房用品，可以让我们的烹饪过程变成美妙的体验，要记得在使用这些用品时小心维护。

Staub 珐琅铸铁锅（直径 22 厘米）：1588 元

博朗带搅拌棒的多功能小型料理机：569 元

长帝炫彩系列多功能烤箱：499 元

日本 Bruno 多功能料理锅：1299

海氏厨房称烘焙电子秤（家用）：69 元

心相印厨房用纸 8 卷装：32.9 元

沐浴用品类

每晚泡澡是很好的解压方式，我推荐在浴缸中加入你喜欢的精油和泻盐（硫酸镁）。女性很容易缺镁，好在镁可以通过皮肤吸收。使用泻盐泡澡能帮助你排毒，减少不良的雌激素。

英国 Westlab 原装进口泻盐 1 千克：146 元

联仁生化联仁硫酸镁 500 克：5.9 元

英国波漫（Bomb）滋润精油沐浴球 3 个：79 元

长柄沐浴刷我一般早上用来干刷皮肤，这样即能振奋精神，又可以促进血液循环。每天只需要 3~5 分钟，即使不喝咖啡，也感觉整个人都精神起来了。

日本尼达利沐浴刷：29.9 元

素一素二长柄沐浴刷：28 元

得力皮卷尺 1.5 米长（2 个装）：9.8 元

家用体脂秤：

家用体脂秤的测量数据均有偏差，我建议用同一台机器测量，这样测出来的数据才有一定的参考价值。

有品迷你智能体脂秤：88 元

小米智能体脂秤：189 元

华为智能体脂秤：149 元

以上包装、价格均为参考，具体请咨询实体店或网上正规店铺。

请在购买前了解清楚成分、体积等信息，选择适合自己的产品。

第六章
工具篇:
21天瘦身修心手册

很多人听过很多道理,却依然过不
好这一生。我认为比选择更难的,
是把你选择的事情坚持到底。用21
天养成一个新的习惯,要记得完成
比完美更重要。

不要小看记录的神奇力量

21天形成一个新习惯

以前为零售团队做培训，结尾总结时，我经常会强调 4 个字口诀："知明行习"——先要知道这件事，明白背后的道理，开始行动起来，最后形成习惯。只有经过这 4 个阶段，才能有效地学习到某一种知识或技能。

在瘦身和情绪管理方面，同样也需要"知明行习"。只有真正知道和明白了瘦身修心的意义，行动起来，瘦身修心这件事才能慢慢成为你的习惯。你所羡慕的别人好的生活方式和习惯，其实都是一点一滴坚持下来的。

在行为心理学中，一个人新习惯的形成至少需要 21 天，这被称为"21 天效应"。也就是说，一个行为，如果重复 21 天就会变成一个习惯性的行为。这也是瘦身修心以 21 天为一个完整周期的原因之一。当然，一种习惯的养成和事情的类别、个人差异也有关系，但一般来说，坚持得越久，这种行为会更容易得到巩固。

在这 21 天瘦身修心之旅中，你会受到旧习惯的干扰，甚至是强烈干扰。当你遇到干扰时，可以重新计划和分配你的时间和精力，这样一天一天坚持下来，慢慢就会改变你过去的行为模式。在这个过程中，每个人的体会都会不同，但没有谁是容易的，尽管万事开头难，但也是时候开始了——毕竟没有人能够代替你过一生，不是吗？

21 天瘦身修心之旅的结束不是一个终点，只是一个起点。只有完成这个 21 天，你才可能突破自己。从 0 到 1，是最困难的，但有了这个 21 天，就会有接下来的 3 个月、半年、一年的坚持和进步。到达终点只是一瞬间，过程才是一个充实的旅途。

不空想，用瘦身修心手册开启你新的生活

把 21 天瘦身修心之旅当成一个工作项目去管理，明确设定自己的减肥目标，记录自己的饮食和体验，这将成为你的成功日记。这 21 天不仅能帮你养成一个好习惯，也将指引你过上一辈子不发胖的生活。空想无益，行动起来才是治愈身心问题最好的良药。

在这本手册里，你可以写下自己每一天的瘦身修心日记，记录你在这 21 天中的饮食、活动和心情。这并不是流水账，它的重要意义绝不仅仅是控制饮食和记录体重数据，下面我们就来聊一聊写瘦身修心日记的作用。

首先，我们的实际行为和自以为自己能做到的行为常常会有偏差，记录会帮助你认清自己的问题，并且找到需要改进的地方。有些读者常和我说，"我就是按食谱吃的啊，为什么体重没有变化""我吃这么少，为什么还会胖"等等，而当她们按我的建议持续记录饮食时，通常会发现自己吃得比想象中多了

不少。另外，当你想和朋友们分享你的瘦身修心经验，或者需要寻求别人给出瘦身方面的建议或帮助时，有记录也比较方便。

另外，除了数据方面的记录，更希望你把这本手册当成日记，写下你在21天瘦身修心之旅中的感受、情绪和思考。日记的疗愈作用超出你的想象，文字是有力量的。这并不是说，当你开始写日记，你的情绪性饮食问题就会解决，或者你能不受美食诱惑地度过这21天。而是，这个记录的过程可以帮助你找到答案：到底是什么驱使你不饿也想吃东西。

每个人都有着与众不同的过去和经历，只有通过自己的思考，才能找到最适合自己的解决之道。

日记的疗愈作用超出你想象

写日记能增强心理健康，帮助我们安慰自己，这是已经被科学证明了的方法。在心理治疗上，有一种疗法叫"叙事疗法"，是澳大利亚临床心理学家麦克·怀特及新西兰的大卫·爱普斯顿在20世纪80年代提出的理论，这是一种受到人们广泛关注的心理治疗方式。

这种疗法认为"问题才是问题，人本身不是问题"，以及"每个人都是自己问题的解决专家"。和过去的心理治疗很大的不同点在于，叙事疗法相信当事人才是自己问题的解决专家，咨询师只是陪伴的角色，当事人应该对自己充满信心，相信自己有能力并且更清楚解决自己困难的方法。

而日记正是这样一种方式，把心中的感受具体化并写在纸上，让我们以另外一种视角来看待。减肥过程中我们常有管不住嘴的时候，这种方法会让你不再回避自身的感受，通过检查自己的感受来直接面对问题。即使日记不能帮助你立刻解决情绪性饮食问题，但它会让你更好地理解"不饿还想吃"的情绪来自哪里。

当你写下你心中的斗争、烦恼和焦虑时，会发现自己吃得太多、管不住嘴、贪吃安慰性的食物，常常是因为某一件具体的事，而吃东西会让你安静下来。你无须责备自己，只要尽力去理解为什么自己又陷入了情绪性饮食中，并且思考下次遇到这种情况该如何应对就可以了。

4个方法记好你的21天

1. 固定时间完成

每天的早上和晚上，是大多数人相对比较自由的时间，可以用来记录你的21天瘦身修心之旅的进程。要提醒自己这件事很重要，值得你在安静下来时认真完成。但通常并不需要花费太长时间，每天10~15分钟用来写21天瘦身修心日记已经足够。

我想对于大多数女性而言，处理完一天的事务，临睡前打开手册，写下这一天的情况是比较合理的安排。

2. 记录需要具体

你需要记录下细节，比如说不要只在午餐那一栏写"吃了鸡胸肉沙拉"，而是要写成"120克鸡胸肉，半颗牛油果，1~2勺橄榄油和黑醋"。食物的重量可以估计，不需要那么准确。我的做法是买一个食品秤，在进行21天瘦身修心之旅的前几天对当天食用的食品称重，但当我对食物重量有了概念后，就不再称量，直接写估算数值即可。

3. 自由联想和表达

不要指责自己，不要批判自己，不要消除自己的想法，让思路自由地展开。没有封闭的结论，只有开放的感想。面对日常生活的困惑、焦虑，把那些原本模模糊糊的感觉表达出来。在自由联想和表达中，才会发现新的角度，从而产生重建的力量。

4. 运用新的形式

手写是最古老的方式，我更推荐手写。当然，如果你习惯用电脑或手机记事也可以。另外，你也可以用图片、音频、视频做记录，记得要标注好日期，记录内容要包含手册中的相关重要事项。

附录1 注释

第二章

[1] 中国疾病预防控制中心 . 胖与 13 种癌症有关，全球 3.9% 的癌症归因于胖 .Sung H,Siegel RL, Torre LA, etal. Global patterns in excess body weight owd the associated cancer burden [J]. CA Cancer J Clin. 2018 Dec 12. Doi:10.3322/caac.21499.

[2] 1975—2014 年 186 个国家成人体重指数趋势 :1998 项基于 1920 万人测量研究的汇总分析 [J]. 柳叶刀，2016（10026）：1377—1396.

[3] 1975—2014 年 186 个国家成人体重指数趋势 :1998 项基于 1920 万人测量研究的汇总分析 [J]. 柳叶刀，2016（10026）：1377.

[4] [美] 罗伯·鲁斯提 . 杂食者的诅咒 [M]. 连纬晏，译 . 台北：远足文化事业股份有限公司，2014:4.

[5] [美] 罗伯·鲁斯提 . 杂食者的诅咒 [M]. 连纬晏，译 . 台北：远足文化事业股份有限公司，2014:62.

[6] 中国疾病预防控制中心 . 防治糖尿病的宣传要点 .[2008-07-13].http://www.nhc. gov. cn/jkj/s10038/201507/810f1eda0db9440db05bf9ecf36aaebf.shtml.

[7] [美] 莎拉·加特弗莱德 . 终结肥胖——哈佛医师的荷尔蒙重整饮食法 [M]. 蒋庆慧，译 . 台北：高宝书版集团，2018:329.

[8] [日] 森拓郎 .30 岁起这样吃，代谢好就不难瘦 [M]. 张佳雯，译 . 台北：如何出版社，2018:3.

[9] [美] 加里·陶布斯 . 不吃糖的理由 [M]. 李奕博，译 . 北京：机械工业出版社，2018:34.

[10] [美] 莎拉·加特弗莱德 . 终结肥胖——哈佛医师的荷尔蒙重整饮食法 [M]. 蒋庆慧，译 . 台北：高宝书版集团，2018:72.

瘦身，重启人生

[11] 王曼迪.饮食陷阱：2—30个要靓要Fit必备的食物营养知识[M].香港：皇冠出版社（香港）有限公司,2017:17.

[12] [美]莎拉·加特弗莱德.终结肥胖——哈佛医师的荷尔蒙重整饮食法[M].蒋庆慧，译.台北：高宝书版集团，2018:101—102.

[13] 杨月欣.中国食物成分表（标准版）[M].北京：北京大学医学出版社，2018:42.

[14] 杨月欣.中国食物成分表（标准版）[M].北京：北京大学医学出版社，2018:70.

[15] 李宁.协和专家教你看数据稳血糖[M],北京：电子工业出版社，2017:19—21.

[16] [法]皮埃尔·杜坎.吃到饱减肥：杜坎纤食瘦身法[M].李毓真，译.上海：上海文艺出版社，2011:46—47.

[17] 中国营养学会.中国居民膳食指南（2016年）[M].北京：人民卫生出版社，2016:334—335.

[18] [美]蒂莫西·费里斯.身体调校圣经[M].陈正益，郑初英，译.台北：三采文化股份有限公司，2017:122.

[19] 杨月欣.中国食物成分表（标准版）[M].北京：北京大学医学出版社，2018:16—142.

[20] [美]莎拉·加特弗莱德.终结肥胖——哈佛医师的荷尔蒙重整饮食法[M].蒋庆慧，译.台北：高宝书版集团，2018:329.

[21] 中国成人血脂异常防治指南修订联合委员会.中国成人血脂异常防治指南（2016年修订版）[J].中华心血管病杂志,2016(10)：833—853.

[22] [美]罗伯·鲁斯提.杂食者的诅咒[M].连纬晏，译.台北：远足文化事业股份有限公司，2014:69.

[23] 汪启迪，陈名道，胡仁敏，等.糖皮质激素、胰岛素对血清素及昼夜节律的影响[J].中华内科杂志，2002（2）：1.

[24] [美]史蒂文·R.冈德里.饮食的悖论[M].赖博，译.北京：中信出版社，2018:8—9.

[25] 中国营养学会.中国居民膳食指南（2016年）[M].北京：人民卫生出版社，2016:107.

[26] [美] 莎拉·加特弗莱德. 终结肥胖——哈佛医师的荷尔蒙重整饮食法 [M]. 蒋庆慧，译. 台北：高宝书版集团，2018:144.

[27] 国家食品药品监督管理总局. 世界卫生组织国际癌症研究机构致癌物清单 [EB/OL]. [2017-10-30]. http://samr.cfda.gov.cn/WSOL/CLI991/215896.html.

[28] [美] 蒂莫西·费里斯. 身体调校圣经 [M]. 陈正益，郑初英，译. 台北：三采文化股份有限公司，2017:586.

[29] 杨月欣. 中国食物成分表（标准版）[M]. 北京：北京大学医学出版社，2018:54—70.

[30] 维基百科英文版："邻苯二甲酸酯"词条搜索. https://en.wikipedia.org/wiki/Phthalate.2019.01.25.

[31] [美] 史蒂文·R. 冈德里. 饮食的悖论 [M]. 赖博，译. 北京：中信出版社，2018:147.

[32] [美] 麦克·葛雷格，金·史东. 食疗圣经 [M]. 谢宜晖，张家绮译. 台北：漫游者文化，2017:36.

[33] [美] 蒂莫西·费里斯. 身体调校圣经 [M]. 陈正益，郑初英，译. 台北：三采文化股份有限公司，2017:108—109.

[34] [美] 史蒂文·R. 冈德里. 饮食的悖论 [M]. 赖博，译. 北京：中信出版社，2018:26.

[35] 杨月欣. 中国食物成分表(标准版)[M]. 北京：北京大学医学出版社，2018:54—108.

[36] Full Report(All Nurtients):45236293, WEIS QUALITY, NONFAT MILK, UPC:041497097593-[EB/OL].-[2017-6-25].

[37] [英] 麦克尔·莫斯利，咪咪·史宾赛. 轻断食：正在横扫全球的瘦身革命 [M]. 谢佳真，译. 广州：广东科技出版社，2014:28.

[38] [日] 森拓郎. 图解不断糖瘦更快：两个月让 47 种难瘦女子健康瘦下 10 公斤! [M]. 赖惠铃，译. 台北：三采文化集团,2018:139.

[39] [美] 罗伯·鲁斯提. 杂食者的诅咒 [M]. 连纬晏，译. 台北：远足文化事业股

瘦身，重启人生

份有限公司，2014:94.

[40] IS Links Between Caffeine and Anxietg [EB/OL].[2019-04-23].https://bebrainfit. com/caffeine-anxiety.

第三章

[1] [美] 伊芙琳・特里弗雷，埃利斯・莱斯驰 . 减肥不是挨饿而是与食物合作 [M]. 柯欢欢，译 . 北京：北京联合出版公司 ,2017:9—10.

[2] [日] 栗原毅 . 这辈子再也不会胖 [M]. 叶韦利，译 . 桂林：漓江出版社，2012:50.

[3] [美] 苏珊・阿尔伯斯 . 吃货的 50 种情绪减肥法：轻松幸福的瘦身之旅 [M]. 张璇，译 . 北京：机械工业出版社，2014:21—23.

[4] 胡君梅 . 正念减压自学全书 [M]. 北京：中国轻工业出版社，2018:243.

[5] [日] 友野尚 . 女人都想要的睡眠圣经 [M]. 曹逸冰，译 . 南昌：江西科学技术出版社，2018:33.

[6] [日] 久贺谷亮 . 高效休息法 [M]. 陈亦苓，译 . 台北：悦知文化，2017:26—27.

第四章

[1] [美] 肖恩・扬 . 如何想到又做到：带来持久改变的 7 种武器 [M]. 闫佳译 . 杭州：浙江教育出版社，2018:123.

[2] [韩] 李南锡 . 为什么我们总是相信自己是对的 [M]. 高毓婷，译 . 台北：本事出版社，2017:138.

[3] 中国营养学会 . 中国居民膳食指南（2016 年）[M]. 北京：人民卫生出版社，2016:326.

[4] 刘素樱 . 营养师百问百答：图解营养学・百大饮食迷思全破解 [M]. 台北：和平国际文化，2017.

[5] [美] 罗伯・鲁斯提 . 杂食者的诅咒 [M]. 连纬晏，译 . 台北：远足文化事业股份有限公司，2014:181.

[6] Why you shouldn't exercise to lose weight, explained with bot studies [EB/OL].https://www.vox.com/2016/4/28/11518804/weight-loss-exercise-myth-burn-calories.

[7] [日]森拓郎.运动饮食 1:9[M].朱悦玮，译.南京：江苏凤凰科学技术出版社，2015:22.

[8] [美]格兰特·皮特森.吃培根少慢跑 [M].蒋雪芬，译.台北：大是文化，2015:99.

[9] [日]满尾正.40 不胖 [M].费腾，译.北京：化学工业出版社，2017:16—17.

[10] [日]满尾正.40 不胖 [M].费腾，译.北京：化学工业出版社，2017.17.

[11]姚力杰.慢走和快走交替进行：间隔散步法功效加倍 [N]扬子晚报，2014-01-06..http://medicine.people.com.cn/n/2014/0106/c132555-24032596.html

[12] [日]森俊宪.女子轻肌力训练 [M].蔡丽蓉，译.台北：邦联文化，2017:52.

[13] [美]格兰特·皮特森.吃培根少慢跑 [M].蒋雪芬，译.台北：大是文化，2015:166.

[14] [美]格兰特·皮特森.吃培根少慢跑 [M].蒋雪芬，译.台北：大是文化，2015:164.

[15][日]左藤桂子.日本肥胖医学专科医师独创：生理时钟睡眠瘦身术[M].黄筱涵，译.台北：世贸出版社，2018:24.

[16] [日]左藤桂子.日本肥胖医学专科医师独创：生理时钟睡眠瘦身术[M].黄筱涵，译.台北：世贸出版社，2018:30—31.

第五章

[1]中国营养学会.中国居民膳食指南（2016年科普版）[M].北京：人民卫生出版社，2018:54.

[2] Dietary Guidelines 2015-2020[EB/OL].[2015-11-25] https://health.gov/dietaryguidelines/2015/guidelines/chapter-1/a-closer-look-inside-healthy-eating-patterns/.2015.11.25

[3] [日]森拓郎.30 岁起这样吃，代谢好就不难瘦 [M].张佳雯，译.台北：如何出版社，2017:194.

[4]中国营养学会.中国居民膳食指南（2016 年）[M].北京：人民卫生出版社，

2016:97.

[5] 范志红. 鸡蛋会让人患上心脏病吗 [EB/OL].[2013-05-02] http://snowheart19.blog.sohu.com/262800623.html.2013.05.02

[6] 范志红. 吃对你的家常菜 2[M]. 北京：化学工业出版社，2018:165.

[7] 范志红. 吃对你的家常菜 2[M]. 北京：化学工业出版社，2018:163.

[8] [美] 麦克·葛雷格，金·史东. 食疗圣经 [M]. 谢宜晖，张家绮译. 台北：漫游者文化，2017:429.

[9] 朱俊平. 史上最全的水果速查表 - 含 GI/GL/ 热量三大数据 [EB/OL].[2016-04-11]. http://www.dnurse.com/v2/article/detail/19062.html.

[10] Lone G Rasmussen, Thomas M Larsen, Pia K Mortensen, expenditure of a moderate fat diet high in monoun satur ated fatty acids com pared with that of a low fat, carbohydrate rich-diet:a-b-mo cotroled die tary intervention trial [J/OL]. The American Journal of Clinical Nutrition, 2007, 4(85):1014-1022[2007-04-01].https://doi.org/10.1093/ajcn/85.4.1014，2007.04.01.

[11] [美] 蒂莫西·费里斯. 身体调校圣经 [M]. 陈正益，郑初英，译. 台北：三采文化股份有限公司，2017:175.

[12] 王璐. 喝柠檬水变黑、吃姜中毒、喝凉白开有害健康……这些传言你都信了吗？ [EB/OL].[2016-08-04].https://mp.weixin.qq.com/s/uQhF7TQu8So2kr7PYRX0Ow.

[13] [美] 麦克·葛雷格，金·史东. 食疗圣经 [M]. 谢宜晖，张家绮译. 台北：漫游者文化，2017:364.

[14] [美] 劳拉·邓肯，姆达·丹拉，等. 在一项急性、随机、交叉试验中，以扁豆代替大米或土豆的碳水化合物可降低健康成年人餐后的血糖反应 [J/OL]. 营养学杂志，2018（148）:535-541[2018-04-01].https://doi.org/10.1093/jn/nxy018.

[15] 中国营养学会. 中国居民膳食指南（2016 年）[M]. 北京：人民卫生出版社，2016:98.

[16] 杨月欣. 中国食物成分表（标准版）[M]. 北京：北京大学医学出版社，2018:70.

[17] 华义. 西蓝花等十字花科蔬菜含萝卜硫素有助防抑郁，[EB/OL].[2016-08-30].

http://news.cctv.com/2016/08/30/ARTIN52IZDZk0aK0xRfsx4tV160830.shtml.

[18] [美] 麦克·葛雷格，金·史东 . 食疗圣经 [M]. 谢宜晖，张家绮译 . 台北：漫游者文化，2017:392.

[19] [日] 栗原毅 . 吃巧克力控制糖尿病 [M]. 台北：出色文化事业出版社，2018:64—66.

[20] [日] 栗原毅 . 吃巧克力控制糖尿病 [M]. 台北：出色文化事业出版社，2018:58—59.

第六章

[1] 百度百科："叙事疗法"词条搜索，https://baike.baidu.com/item/%E5%8F%99%E4%BA%8B%E7%96%97%E6%B3%95/73 28410?fr=aladdin.

- [美]莎拉·加特弗莱德.终结肥胖——哈佛医师的荷尔蒙重整饮食法[M]. 蒋庆慧, 译. 台北：高宝书版集团，2018.

- [美]罗伯特·C. 阿特金斯.抗衰老饮食[M]. 仝雅青，译. 北京：北京联合出版公司，2016.

- [美]史蒂文·R. 冈德里.饮食的悖论[M]. 赖博，译. 北京：中信出版社，2018.

- [美]罗伯·鲁斯提. 杂食者的诅咒[M]. 连纬晏，译. 台北：远足文化事业股份有限公司，2014.

- [美]伊芙琳·特里弗雷，埃利斯·莱斯驰. 减肥不是挨饿而是与食物合作[M].柯欢欢，译. 北京：北京联合出版公司，2017.

- [日]森拓郎. 30岁起这样吃，代谢好就不难瘦[M]. 张佳雯，译. 台北：如何出版社，2017.

- [日]森拓郎. 运动饮食1:9[M]. 朱悦玮，译. 南京：江苏凤凰科学技术出版社，2015.

- [日]冈希太郎. 百药之王：一杯咖啡的药理学[M]. 李毓昭，译. 台北：晨星出版社，2017.

- [美]马克·海曼.吃"肥"见瘦：吃对脂肪赢回身材和健康[M]. 王雅娟，译. 北京：电子工业出版社，2018.

- [美]蒂莫西·费里斯. 每周健身4小时[M]. 海绵，译. 南昌：江西科学技术出版社，2013.

- [日]斋藤粮三. 大口吃肉，一周瘦5公斤的生酮饮食[M]. 刘格安，译. 台北：采实文化,2016.

- [日]左藤桂子. 日本肥胖医学专科医师独创：生理时钟睡眠瘦身术[M]. 黄筱涵，译，台北：世茂出版社，2018.

- [日]友野尚. 女人都想要的睡眠圣经[M]. 曹逸冰，译. 南昌：江西科学技术出版社，2018.

- [美]杰森·冯，吉米·摩尔. 断食全书：透过间歇性断食、隔天断食、长时间断食，让身体获得疗愈[M]. 高子梅，译. 台北：如何出版社，2018.
- [法]皮埃尔·杜坎. 吃到饱减肥：杜坎纤食瘦身法[M]. 李毓真，译. 上海：上海文艺出版社，2011.
- [日]森俊宪.女子轻肌力训练[M]. 蔡丽蓉，译. 台北：邦联文化，2017.
- [美]布莱恩·万辛克.好好吃饭：无须自控力，三观最正的瘦身指南[M]. 卢屹，译. 南昌：江西人民出版社，2017.
- [美]麦克·拉菲尔·莫雷诺. 17天瘦一圈[M]. 吕奕欣，译. 北京：新世界出版社，2013.
- [日]栗原毅.吃巧克力控制糖尿病[M]. 台北：出色文化事业出版社，2018.
- [英]麦克尔·莫斯利，咪咪·史宾赛. 轻断食：正在横扫全球的瘦身革命[M]. 谢佳真，译. 广州：广东科技出版社，2014.
- [美]迈克尔·波伦.杂食者的两难[M]. 邓子衿，译. 北京：中信出版社，2017.
- [英]蜜雪儿·哈维，汤尼·豪威. 5:2轻断食[M]. 吴书榆，译. 北京：中国商业出版社，2014.
- [日]满尾正. 40不胖[M]. 费腾，译. 北京：化学工业出版社，2017.
- [美]黛安·圣菲莉波. 21天断糖排毒法[M]. 张家瑞，译. 台北：常常生活文创股份有限公司，2017.
- [法]蒂埃里·苏卡. 牛奶：谎言与内幕[M]. 王怡静，译. 苏州：苏州大学出版社，2018.
- [以]伊兰·西格尔，伊兰·埃利纳夫. 血糖瘦身饮食解密[M]. 吴炜声，译. 台北：采实文化，2018.
- [美] T.柯林·坎贝尔，汤马斯·M. 坎贝尔二世. 救命饮食：越营养，越危险[M] 吕奕欣，倪婉君，译. 北京：中信出版社，2011.
- [日]夏井睦. 限糖防病[M]. 王慧娥，译.台北：天下杂志，2016.

瘦身，重启人生

- [美]麦克·葛雷格，金·史东. 食疗圣经[M]. 谢宜晖，张家绮，译. 台北：漫游者文化，2017.
- 胡君梅. 正念减压自学全书[M]. 北京：中国轻工业出版社，2018.
- [日]久贺谷亮. 高效休息法[M]. 陈亦苓，译. 台北：悦知文化，2017.
- [美]格兰特·皮特森. 吃培根少慢跑[M]. 蒋雪芬，译. 台北：大是文化，2015.
- [美]爱德华·艾布拉姆森. 心理减肥术[M]. 杨霞，石磊，译. 北京：中国社会科学出版社，2009.
- [美]加里·陶布斯. 不吃糖的真相[M]. 李奕博，译. 北京：机械工业出版社，2018.
- [日]莲村诚. 不生病的温开水奇效排毒法[M]. 林美琪，译. 台北：商周文化，2016.
- [日]菊池真由子. 这样吃，瘦最快[M]. 林妍蓁，译. 台北：商周文化，2018.
- 杨月欣. 中国食物成分表（标准版）[M]. 北京：北京大学医学出版社，2018.
- 李宁. 协和专家教你看数据稳血糖[M]. 北京：电子工业出版社，2017.
- 中国营养学会. 中国居民膳食指南（2016年）[M]. 北京：人民卫生出版社，2016.
- 范志红. 吃对你的家常菜2[M]. 北京：中国盲人出版社，2015.
- 刘素樱. 营养师百问百答：图解营养学·百大饮食迷思全破解[M]. 台北：和平国际文化，2017.
- [韩]李南锡. 为什么我们总是相信自己是对的[M]. 高毓婷，译. 台北：本事出版社，2017.

致谢

感谢网络上的朋友们，我们之间的距离，从来不曾隔着屏幕。因为你们的信任、参与和支持，才有了本书的诞生。道阻且长，愿同类相聚，不害怕、不焦虑，遇见更美好的自己。谢谢你，谢谢你们。

21

天魔法
变身记录

Days

停止梦想，开始行动。
除非你动身了，否则你的旅程永远不会开始。
想象你期望的人生，看到它、感受它、相信它。

我的目标（Goal）	
我的奖励（Reward）	

	体重（千克）	BMI（身体质量指数）	体脂率（%）
起始数据			
目标数据			
达成数据			

	腰围	臀围	上臂围	大腿围
起始数据				
目标数据				
达成数据				

第1天

	我吃了什么	如果有特别的感受，记录下来
早餐		
午餐		
晚餐		
点心		

上床休息时间			起床时间		
今天是否运动了			形式和时间		
睡眠质量	○ 很好	○ 良好		○ 尚可	○ 不好
今天的情绪	○ 很好	○ 良好		○ 尚可	○ 不好
今天的精力	○ 很好	○ 良好		○ 尚可	○ 不好

心情日记

第2天

	我吃了什么	如果有特别的感受，记录下来
早餐		
午餐		
晚餐		
点心		

上床休息时间			起床时间		
今天是否运动了			形式和时间		
睡眠质量	○ 很好	○ 良好	○ 尚可	○ 不好
今天的情绪	○ 很好	○ 良好	○ 尚可	○ 不好
今天的精力	○ 很好	○ 良好	○ 尚可	○ 不好

心情日记

第3天

	我吃了什么	如果有特别的感受，记录下来
早餐		
午餐		
晚餐		
点心		

上床休息时间		起床时间		
今天是否运动了		形式和时间		
睡眠质量	○ 很好	○ 良好	○ 尚可	○ 不好
今天的情绪	○ 很好	○ 良好	○ 尚可	○ 不好
今天的精力	○ 很好	○ 良好	○ 尚可	○ 不好

心情日记

第4天

	我吃了什么	如果有特别的感受，记录下来
早餐		
午餐		
晚餐		
点心		

上床休息时间		起床时间		
今天是否运动了		形式和时间		
睡眠质量	○ 很好	○ 良好	○ 尚可	○ 不好
今天的情绪	○ 很好	○ 良好	○ 尚可	○ 不好
今天的精力	○ 很好	○ 良好	○ 尚可	○ 不好

心情日记

第5天

	我吃了什么	如果有特别的感受，记录下来
早餐		
午餐		
晚餐		
点心		

上床休息时间			起床时间		
今天是否运动了			形式和时间		
睡眠质量	○ 很好	○ 良好	○ 尚可	○ 不好
今天的情绪	○ 很好	○ 良好	○ 尚可	○ 不好
今天的精力	○ 很好	○ 良好	○ 尚可	○ 不好

心情日记

第6天

	我吃了什么	如果有特别的感受，记录下来
早餐		
午餐		
晚餐		
点心		

上床休息时间		起床时间		
今天是否运动了		形式和时间		
睡眠质量	○ 很好	○ 良好	○ 尚可	○ 不好
今天的情绪	○ 很好	○ 良好	○ 尚可	○ 不好
今天的精力	○ 很好	○ 良好	○ 尚可	○ 不好

心情日记

第7天

	我吃了什么	如果有特别的感受，记录下来
早餐		
午餐		
晚餐		
点心		

上床休息时间		起床时间		
今天是否运动了		形式和时间		
睡眠质量	○ 很好	○ 良好	○ 尚可	○ 不好
今天的情绪	○ 很好	○ 良好	○ 尚可	○ 不好
今天的精力	○ 很好	○ 良好	○ 尚可	○ 不好

心情日记

第8天

	我吃了什么	如果有特别的感受，记录下来
早餐		
午餐		
晚餐		
点心		

上床休息时间		起床时间			
今天是否运动了		形式和时间			
睡眠质量	○ 很好	○ 良好	○ 尚可	○ 不好
今天的情绪	○ 很好	○ 良好	○ 尚可	○ 不好
今天的精力	○ 很好	○ 良好	○ 尚可	○ 不好

心情日记

第9天

	我吃了什么	如果有特别的感受，记录下来
早餐		
午餐		
晚餐		
点心		

上床休息时间			起床时间		
今天是否运动了			形式和时间		
睡眠质量	○ 很好	○ 良好	○ 尚可	○ 不好	
今天的情绪	○ 很好	○ 良好	○ 尚可	○ 不好	
今天的精力	○ 很好	○ 良好	○ 尚可	○ 不好	

心情日记

第10天

	我吃了什么	如果有特别的感受，记录下来
早餐		
午餐		
晚餐		
点心		

上床休息时间		起床时间		
今天是否运动了		形式和时间		
睡眠质量	○ 很好	○ 良好	○ 尚可	○ 不好
今天的情绪	○ 很好	○ 良好	○ 尚可	○ 不好
今天的精力	○ 很好	○ 良好	○ 尚可	○ 不好

心情日记

第11天

	我吃了什么	如果有特别的感受，记录下来
早餐		
午餐		
晚餐		
点心		

上床休息时间			起床时间		
今天是否运动了			形式和时间		
睡眠质量	○ 很好	○ 良好	○ 尚可	○ 不好	
今天的情绪	○ 很好	○ 良好	○ 尚可	○ 不好	
今天的精力	○ 很好	○ 良好	○ 尚可	○ 不好	

心情日记

第12天

	我吃了什么	如果有特别的感受，记录下来
早餐		
午餐		
晚餐		
点心		

上床休息时间		起床时间			
今天是否运动了		形式和时间			
睡眠质量	○ 很好	○ 良好	○ 尚可	○ 不好	
今天的情绪	○ 很好	○ 良好	○ 尚可	○ 不好	
今天的精力	○ 很好	○ 良好	○ 尚可	○ 不好	

心情日记

第13天

	我吃了什么	如果有特别的感受，记录下来
早餐		
午餐		
晚餐		
点心		

上床休息时间		起床时间		
今天是否运动了		形式和时间		
睡眠质量	○ 很好	○ 良好	○ 尚可	○ 不好
今天的情绪	○ 很好	○ 良好	○ 尚可	○ 不好
今天的精力	○ 很好	○ 良好	○ 尚可	○ 不好

心情日记

第14天

	我吃了什么	如果有特别的感受，记录下来
早餐		
午餐		
晚餐		
点心		

上床休息时间		起床时间		
今天是否运动了		形式和时间		
睡眠质量	○ 很好	○ 良好	○ 尚可	○ 不好
今天的情绪	○ 很好	○ 良好	○ 尚可	○ 不好
今天的精力	○ 很好	○ 良好	○ 尚可	○ 不好

心情日记

	我吃了什么	如果有特别的感受，记录下来
早餐		
午餐		
晚餐		
点心		

上床休息时间		起床时间	
今天是否运动了		形式和时间	
睡眠质量	○ 很好	○ 良好 ○ 尚可	○ 不好
今天的情绪	○ 很好	○ 良好 ○ 尚可	○ 不好
今天的精力	○ 很好	○ 良好 ○ 尚可	○ 不好

心情日记

第16天

	我吃了什么	如果有特别的感受，记录下来
早餐		
午餐		
晚餐		
点心		

上床休息时间			起床时间		
今天是否运动了			形式和时间		
睡眠质量	○ 很好	○ 良好	○ 尚可	○ 不好	
今天的情绪	○ 很好	○ 良好	○ 尚可	○ 不好	
今天的精力	○ 很好	○ 良好	○ 尚可	○ 不好	

心情日记

第17天

	我吃了什么	如果有特别的感受，记录下来
早餐		
午餐		
晚餐		
点心		

上床休息时间		起床时间	
今天是否运动了		形式和时间	
睡眠质量	○ 很好　　○ 良好　　○ 尚可　　○ 不好		
今天的情绪	○ 很好　　○ 良好　　○ 尚可　　○ 不好		
今天的精力	○ 很好　　○ 良好　　○ 尚可　　○ 不好		

心情日记

第18天

	我吃了什么	如果有特别的感受，记录下来
早餐		
午餐		
晚餐		
点心		

上床休息时间		起床时间	
今天是否运动了		形式和时间	
睡眠质量	○ 很好 ○ 良好 ○ 尚可 ○ 不好		
今天的情绪	○ 很好 ○ 良好 ○ 尚可 ○ 不好		
今天的精力	○ 很好 ○ 良好 ○ 尚可 ○ 不好		

心情日记

第19天

	我吃了什么	如果有特别的感受，记录下来
早餐		
午餐		
晚餐		
点心		

上床休息时间		起床时间			
今天是否运动了		形式和时间			
睡眠质量	○ 很好	○ 良好	○ 尚可	○ 不好
今天的情绪	○ 很好	○ 良好	○ 尚可	○ 不好
今天的精力	○ 很好	○ 良好	○ 尚可	○ 不好

心情日记

第20天

	我吃了什么	如果有特别的感受，记录下来
早餐		
午餐		
晚餐		
点心		

上床休息时间		起床时间	
今天是否运动了		形式和时间	
睡眠质量	○ 很好	○ 良好	○ 尚可	○ 不好
今天的情绪	○ 很好	○ 良好	○ 尚可	○ 不好
今天的精力	○ 很好	○ 良好	○ 尚可	○ 不好

心情日记

第21天

	我吃了什么	如果有特别的感受，记录下来
早餐		
午餐		
晚餐		
点心		

上床休息时间		起床时间	
今天是否运动了		形式和时间	
睡眠质量	○ 很好	○ 良好	○ 尚可	○ 不好
今天的情绪	○ 很好	○ 良好	○ 尚可	○ 不好
今天的精力	○ 很好	○ 良好	○ 尚可	○ 不好

心情日记

总结21天的收获